utb 3674

Eine Arbeitsgemeinschaft der Verlage

Böhlau Verlag · Wien · Köln · Weimar
Verlag Barbara Budrich · Opladen · Toronto
facultas · Wien
Wilhelm Fink · Paderborn
A. Francke Verlag · Tübingen
Haupt Verlag · Bern
Verlag Julius Klinkhardt · Bad Heilbrunn
Mohr Siebeck · Tübingen
Ernst Reinhardt Verlag · München · Basel
Ferdinand Schöningh · Paderborn
Eugen Ulmer Verlag · Stuttgart
UVK Verlagsgesellschaft · Konstanz, mit UVK/Lucius · München
Vandenhoeck & Ruprecht · Göttingen · Bristol
Waxmann · Münster · New York

Jutta Arrenberg

Wirtschaftsmathematik für Bachelor

4., überarbeitete Auflage

UVK Verlagsgesellschaft mbH · Konstanz
mit UVK/Lucius · München

Prof. Dr. Jutta Arrenberg lehrt Wirtschafts- und Finanzmathematik sowie Wirtschaftsstatistik an der Technischen Hochschule Köln.

Online-Angebote oder elektronische Ausgaben sind erhältlich unter www.utb-shop.de.

Bibliografische Information der Deutschen Bibliothek
Die Deutsche Bibliothek verzeichnet diese Publikation in der Deutschen Nationalbibliografie; detaillierte bibliografische Daten sind im Internet über <http://dnb.ddb.de> abrufbar.

© UVK Verlagsgesellschaft mbH, Konstanz und München 2017

Lektorat: Rainer Berger
Einbandgestaltung: Atelier Reichert, Stuttgart
Einbandmotiv: istockphoto.com, Pialhovic
Druck und Bindung: Pustet, Regensburg

UVK Verlagsgesellschaft mbH
Schützenstraße 24 · 78462 Konstanz
Tel. 07531-9053-0 · Fax 07531-9053-98
www.uvk.de

UTB-Nr. 3674
ISBN 978-3-8252-4814-7

Vorwort

Vorwort zur vierten Auflage

Für die Neuauflage habe ich das Buch noch einmal völlig durchgesehen und ein Beispiel hinzugefügt, in dem ein Wachstum, das begrenzt ist, berechnet wird.

Ich danke meinem Lektor Herrn Rainer Berger vom Verlag UTB UVK Lucius für die langjährige sehr gute Zusammenarbeit.

Den Leserinnen und Lesern wünsche ich weiterhin viel Spaß beim Lernen und viel Erfolg!

Vorwort zur dritten Auflage

Der in diesem Buch gewählte Zugang zur Wirtschaftsmathematik über ökonomische Beispiele hat eine hohe Akzeptanz erfahren sowohl von Studierenden als auch von Hochschullehrern (w,m). Die durch die Nachfrage nötige Neuauflage ist durch die Regel von de l'Hôpital ergänzt worden. Diese Regel vereinfacht die Grenzwertbestimmung von Funktionen, wenn klar ist, wie abgeleitet wird.

Ich danke allen Studierenden und Kollegen (w,m) für ihre Hinweise und Anmerkungen.

Vorwort zur ersten und zweiten Auflage

Mathematik hat als unterstützende Wissenschaft längst ihren Einzug in die Wirtschaftswissenschaften gehalten. Als Vorlesung „Wirtschaftsmathematik" hat sie ihren festen Platz an den Hochschulen im Rahmen des Studiums der Wirtschaftswissenschaften.

Das vorliegende Buch behandelt die Grundlagen der Mathematik für ein wirtschaftswissenschaftliches Bachelor-Studium: Analysis und Lineare Algebra. Das Buch gliedert sich in zehn Kapitel. Im ersten Kapitel werden unter der Überschrift „Allgemeinwissen"

u.a. die Prozentrechnung und das Runden von Dezimalzahlen auf-
gezeigt. Im zweiten Kapitel wird mit Intervallen und Abbildungen
gerechnet. Matrizen und Vektoren werden im dritten Kapitel er-
läutert. Der für das Lösen von Gleichungssystemen unverzichtba-
re Gaußalgorithmus wird im vierten Kapitel erklärt. Im fünften
Kapitel werden kurz Folgen und Reihen behandelt. Ökonomische
Funktionen werden im sechsten Kapitel vorgestellt. Das Ableiten
von Funktionen mit einer Variablen sowie die Kurvendiskussion
folgt im siebten Kapitel. Im achten Kapitel werden Funktionen
von mehreren Variablen dargestellt und partiell abgeleitet. Das
neunte Kapitel umfasst die Optimierung nichtlinearer Funktionen
mit Hilfe der Einsetz- und der Lagrange-Methode.

Auf Beweise wurde im vorliegenden Buch weitgehend verzichtet.
Der Schwerpunkt der Bachelor-Wirtschaftsmathematik liegt in
der Anwendung und nicht in der Theorie der Mathematik. Lernziele werden zu Beginn eines jeden Kapitels benannt. Es wurde
viel Wert gelegt auf die Didaktik. Bemüht habe ich mich, das
Wieso, Weshalb, Warum darzulegen. Denn es belastet den Kopf
sehr, etwas auswendig zu lernen, der Kopf wird schwer und die
Lust/Motivation zu lernen sinkt. Wurde jedoch etwas verstanden,
so trägt sich dieses Wissen ganz leicht im Kopf herum, es belastet
nicht und ist dauerhaft/nachhaltig abrufbar.

Jedes Kapitel enthält Beispiele, um die Leserin bzw. den Leser an
den Lernstoff heranzuführen. Am Ende eines jeden Kapitels steht
eine Zusammenfassung der Klausur-relevanten Themen. Das zehn-
te Kapitel stellt etliche Aufgaben (mit Lösungen) zum Üben bereit. Nachhaltiges Lernen kann nur gelingen bei Abwesenheit von
Angst. Die begleitenden Übungsaufgaben sollen bei Ihnen Erfolgs-
erlebnisse auslösen. Nichts beruhigt so sehr wie der Erfolg.

Ihr Taschenrechner sollte über die e-Taste, die ln-Taste sowie über
die $x!$-Taste verfügen. Hilfreich sind Grafik-fähige Taschenrechner,
um bei Kurvendiskussionen schnell eine Vorstellung des Funkti-
onsverlaufs zu bekommen. Die Matrizenmultiplikation ist mittler-
weile auf etlichen Taschenrechnern abrufbar, was für Kontrollrech-
nungen nützlich ist. Manche Taschenrechner verfügen über den
Befehl *solve*, mit dem Gleichungssysteme gelöst werden können.

Im Anhang steht die Beschreibung der kostenlosen Software R.
Wenn Sie neben dem Ziel, die Klausur zu bestehen, noch Zeit und
Spaß haben, Ihre Mathematik-Kenntnisse zu vertiefen, so können
Sie dies mit Hilfe des Softwarepakets R machen. Die Software
kann gratis von der Homepage der Technischen Universität Wien
heruntergeladen werden.

Ich danke allen Hörerinnen und Hörern meiner Vorlesung Wirtschaftsmathematik, die mit ihren Fragen maßgeblich dazu beigetragen haben, aus meinem Skript dieses Buch reifen zu lassen.

Den Leserinnen und Lesern dieses Buches wünsche ich viel Spaß und viel Erfolg!

Köln   Jutta Arrenberg

Inhaltsverzeichnis

1 Allgemeinwissen

Lernziele

In diesem Kapitel lernen Sie

◼ das Ablesen von sehr kleinen und sehr großen Zahlen auf dem Taschenrechner,

◼ das Runden von Ergebnissen sowie

◼ die Prozentrechnung.

Ergebnisse, die von einem Taschenrechner abgelesen werden, sind nicht immer auf Anhieb verständlich. Und wie wird am kürzesten ein neuer Preis nach einem prozentualen Aufschlag berechnet? Im ersten Abschnitt dieses Kapitels beschäftigen wir uns mit der Darstellung von Zahlen. Im zweiten Abschnitt rechnen wir Veränderungen in Prozent aus und lernen den Unterschied zwischen einer Rate der Veränderung und einem Faktor der Veränderung kennen.

1.1 Zahlen

Damit eine „große" Zahl oder eine „sehr kleine" Zahl nicht erscheinen wie eine unüberschaubare Kolonne von Ziffern, gibt es abkürzende Schreibweisen.

Große Zahlen

Mit Hilfe der Zehnerpotenzen lassen sich „große" Zahlen übersichtlich angeben. So ist z.B. ein Googol die Zahl 10^{100}. Das ist eine Eins mit 100 Nullen.

Potenz	Zahl	Name	Vorsilbe
10^1	10	zehn	deka
10^2	100	hundert	hekto
10^3	1 000	tausend	kilo
10^6	1 000 000	eine Million	mega
10^9	1 000 000 000	eine Milliarde	giga
10^{12}	1 000 000 000 000	eine Billion	tera
10^{15}	1 000 000 000 000 000	eine Billiarde	peta
10^{18}	1 000 000 000 000 000 000	eine Trillion	exa

Anmerkung: Vorsicht bei Übersetzungen aus dem Englischen, dort haben einige Bezeichnungen eine andere Bedeutung. Im US-Englischen zum Beispiel steht „one billion" für 10^9.

Kleine Zahlen

Für Zahlen zwischen 0 und 1 werden oft Zehnerpotenzen benutzt. So lässt sich z.B. 0,000 17 auch schreiben als $1,7 \cdot 10^{-4}$. Taschenrechner benutzten diese Darstellung anhand der Zehnerpotenzen. Bei der Zahl $1,7 \cdot 10^{-4}$ wissen wir, dass an der vierten Nachkommastelle die Ziffer Eins steht.

Potenz	Zahl	Name	Vorsilbe
10^{-1}	0,1	ein Zehntel	dezi
10^{-2}	0,01	ein Hundertstel	zenti
10^{-3}	0,001	ein Tausendstel	milli
10^{-6}	0,000 001	ein Millionstel	mikro
10^{-9}	0,000 000 001	ein Milliardstel	nano
10^{-12}	0,000 000 000 001	ein Billionstel	piko
10^{-15}	0,000 000 000 000 001	ein Billiardstel	femto
10^{-18}	0,000 000 000 000 000 001	ein Trillionstel	atto

Um den Wert einer Maßeinheit anzugeben, wird die Vorsilbe (z.B. Milli, Kilo, Giga usw.) vor eine Maß gesetzt (z.B. Gramm/Milligramm, Meter/Kilometer, Watt/Gigawatt usw.)

Runden

Ein Bruch lässt sich bekanntlich auch als Dezimalzahl schreiben. So ist z.B. $\frac{21\,714}{10\,100} = 2{,}14\overline{9900}$. Oft reichen für den Sachverhalt nur einige wenige Nachkommastellen. Bei Euro-Beträgen werden z.B. häufig nur zwei Nachkommastellen angegeben. Dabei werden die überflüssigen Nachkommastellen nicht einfach gestrichen, sondern gerundet. Beim Runden wird unterschieden, auf wie viele Dezimalstellen nach dem Komma gerundet werden soll.

⚠ Allein ausschlaggebend für das Runden ist die Ziffer der ersten wegfallenden Dezimalstelle.

Ist die Ziffer an der ersten wegfallenden Dezimalstelle nicht größer als eine 4, wird abgerundet. Anderenfalls wird aufgerundet. Die nachfolgenden Nachkommastellen werden nicht berücksichtigt.

Beispiel 1.1
Die Zahl 2,149901 soll auf

- drei Stellen nach dem Komma gerundet werden:
  aus 2,149⃞9⃞01 wird 2,150; da die Ziffer 9 aufgerundet wird

- zwei Stellen nach dem Komma gerundet werden:
  aus 2,14⃞9⃞901 wird 2,15; da die Ziffer 9 aufgerundet wird

- eine Stelle nach dem Komma gerundet werden:
  aus 2,1⃞4⃞9901 wird 2,1; da die Ziffer 4 abgerundet wird

- eine Zahl ohne Nachkommastellen gerundet werden:
  aus 2,⃞1⃞49901 wird 2; da die Ziffer 1 abgerundet wird

Die Zahl π
Den Durchmesser z.B. eines Esstellers erhalten wir, wenn wir den Teller an der breitesten Stelle abmessen. Legen wir ein Maßband um die äußere Kante des Tellers, so erhalten wir den Umfang des Tellers. Teilen wir mit dem Taschenrechner den Umfang durch den Durchmesser, so erhalten wir die Zahl Pi: $\pi = \dfrac{\text{Umfang}}{\text{Durchmesser}} = 3,1415\ldots$

Die Eulersche Konstante e
Wächst eine Größe in einem Jahr m-mal um $\frac{1}{m} \cdot 100\%$, so ist sie am Ende des Jahres insgesamt auf das $(1+\frac{1}{m})^m$-fache gewachsen.

Beispiel 1.2
- $m = 12$; d.h. jeden Monat wächst die Größe um $\frac{1}{12} \cdot 100\% = 8,\overline{3}\%$. Am Ende des Jahres ist die Größe insgesamt auf das $(1 + \frac{1}{12})^{12} = 2{,}6$-fache gewachsen.

- $m = 365$; d.h. jeden Tag wächst die Größe um $\frac{1}{365} \cdot 100\% = 0{,}27\%$. Am Ende des Jahres ist die Größe insgesamt auf das $(1 + \frac{1}{365})^{365} = 2{,}7$-fache gewachsen.

■ Ist jetzt m unendlich groß, d.h. wächst die Größe in jedem Moment eines Jahres, so ist die Größe am Ende eines Jahres insgesamt auf das $e = 2{,}713\ldots$-fache gewachsen.

Irrationale Zahlen

Werden aus der Menge der reellen Zahlen $\mathbb{R}$ sämtliche Bruchzahlen $\mathbb{Q}$ entfernt, so wird diese Restmenge $\mathbb{R}\backslash\mathbb{Q}$ auch als Menge der **irrationalen Zahlen** bezeichnet.

Insb. gibt es bei den Nachkommastellen einer irrationalen Zahl keine systematischen Wiederholungen. Die Zahl $\sqrt{2}$ ist z.B. eine irrationale Zahl. Dagegen ist die Zahl $\frac{1}{7}$ eine Bruchzahl und somit keine irrationale Zahl. Stellen wir den Bruch $\frac{1}{7}$ als Dezimalzahl $0{,}\overline{142857}$ dar, so wiederholen sich die ersten sechs Nachkommastellen immer wieder.

1.2   Zahlenangaben in Prozent

Eine Preisveränderung lässt sich entweder in Euro oder in Prozent angeben. Wird der Preis von beispielsweise einem Liter Milch um zwei Euro erhöht, so ist dies eine kräftige Preiserhöhung. Wird hingegen der Kaufpreis eines Autos um zwei Euro erhöht, so würde dies in den Medien unerwähnt bleiben, weil die Preiserhöhung so gering ausfiele. Um diese kräftige und diese geringe Preisveränderung auch in Zahlen ausdrücken zu können, werden Preisveränderungen häufig in Prozent angegeben, d.h. als Anzahl der Teile von einhundert Teilen. Als Notation wird das %-Zeichen verwendet, es ist gleichbedeutend mit dem Bruch $\frac{1}{100}$.

Definition 1.3
Eine in Prozent ausgedrückte Veränderung wird als **Rate** bezeichnet.

Beispiel 1.4

Veränderung	Rate (in %)	Rate
20-prozentige Preissteigerung	+20	+0,2
20-prozentige Preissenkung	−20	−0,2
16-prozentige Preissteigerung	+16	+0,16
12-prozentige Preissenkung	−12	−0,12

Der neue Preis wird über die Rate der Veränderung wie folgt berechnet:

neuer Preis = alter Preis + Rate · alter Preis

Klammern wir den alten Preis aus, so ergibt sich anhand des Distributivgesetzes:

neuer Preis = alter Preis · (1 + Rate)

Der Term (1 + Rate) wird wie folgt bezeichnet:

Definition 1.5
Faktor = 1 + Rate

Bei einer prozentualen Veränderung wird der neue Wert am einfachsten anhand des Faktors der Veränderung berechnet:

Beispiel 1.6
Wir gehen aus von einem alten Preis in Höhe von 1 200 €. Dann ergeben sich mit Hilfe des Faktors bei Preisveränderungen die neuen Preise wie folgt:

Veränderung	Rate	Faktor	neuer Preis in €
Preissteigerung um 20%	+0,2	1,2	$1\,200 \cdot 1{,}2 = 1\,440$

Veränderung	Rate	Faktor	neuer Preis in €
Preissenkung um 20%	−0,2	0,8	$1\,200 \cdot 0{,}8 = 960$

Veränderung	Rate	Faktor	neuer Preis in €
Preissteigerung um 16%	+0,16	1,16	$1\,200 \cdot 1{,}16 = 1\,392$

Veränderung	Rate	Faktor	neuer Preis in €
Preissenkung um 12%	$-0{,}12$	$0{,}88$	$1\,200 \cdot 0{,}88 = 1\,056$

Vertiefendes Rechnen mit Prozentzahlen finden Sie z.B. in Arrenberg, Kapitel 9 [3].

1.3   Zusammenfassung

▇ $1{,}2 \cdot 10^4 = 12\,000$

▇ $1{,}2 \cdot 10^{-4} = 0{,}000\,12$

▇ Die Rate gibt an, um wie viel Prozent sich ein Wert verändert hat.

▇ Mit Hilfe des Faktors wird nach einer prozentualen Veränderung aus dem alten Wert der neue Wert berechnet.

Weitere Wiederholungen und Vertiefungen sowie Übungsaufgaben mit Lösungen zu den Themen Rechnen mit reellen Zahlen, Aussagenlogik, Mengenlehre, Abzählmethoden, Potenzen, Wurzeln, Logarithmen, Termumformungen, Gleichungen, Ungleichungen und Funktionen finden Sie z.B. in dem Buch „Vorkurs in Wirtschaftsmathematik" von Arrenberg/Kiy/Knobloch/Lange (siehe Arrenberg et. al. [1]).

Prüfungstipp

Um Klausuraufgaben sicher bearbeiten zu können, sollte Ihr Taschenrechner neben den vier Grundrechenarten Addieren, Subtrahieren, Multiplizieren, Dividieren über folgende Rechenoperationen verfügen

▇ Potenzieren,

▇ e-Taste für die e-Funktion,

▇ ln-Taste für den natürlichen Logarithmus sowie

▇ $x!$-Taste für die Fakultät.

2 Mengen und Abbildungen

Lernziele

In diesem Kapitel lernen Sie

■ Intervalle, Definitions- und Wertebereiche sowie

■ Funktionen und Umkehrabbildungen kennen.

In der Ökonomie werden zur Beschreibung von Zusammenhängen besondere Zuordnungsvorschriften zwischen ökonomischen Größen betrachtet. Die Zahlenbereiche, in denen die Werte der ökonomischen Größen liegen, sind sogenannte Mengen.

2.1 Mengen

In der Mengenlehre wird die Bedeutung von Klammern unterschieden. Lassen sich die Elemente einer Menge aufzählen, so setzen wir an den Anfang der Aufzählung die Klammer { und an das Ende der Aufzählung wird die Klammer } gesetzt.

Definition 2.1

$\mathbb{N} = \{1, 2, 3, 4, \ldots\}$ = Menge der natürlichen Zahlen

$\mathbb{N}_0 = \{0, 1, 2, 3, 4, \ldots\}$

$\mathbb{Z} = \{\ldots, -2, -1, 0, 1, 2, \ldots\}$ = Menge der ganzen Zahlen

$\mathbb{Q} = \{q \mid q = \frac{a}{b}; a, b, \in \mathbb{Z}, b \neq 0\}$
= Menge der rationalen Zahlen (Brüche)

$\mathbb{R}$ = Menge der reellen Zahlen

$\mathbb{R}^+ = \{x \mid x \in \mathbb{R}, x > 0\}$
= Menge der positiven reellen Zahlen

$\mathbb{R}_0^+ = \{x \mid x \in \mathbb{R}, x \geq 0\}$
= Menge der nicht negativen reellen Zahlen

Intervalle sind Teilmengen von $\mathbb{R}$. Um Intervalle zu beschreiben, benutzen wir eckige und runde Klammern, die jeweils eine unterschiedliche Bedeutung haben. Die eckige Klammer gibt an, dass die Intervallgrenze noch zu dieser Menge gehört. Die runde Klammer gibt an, dass die Intervallgrenze nicht mehr zu dieser Menge gehört:

- abgeschlossenes Intervall $[5; 7]$
  eckige Klammern; das sind alle reellen Zahlen zwischen 5 und 7, einschließlich der Zahl 5 und einschließlich der Zahl 7

- offenes Intervall $(5; 7)$
  runde Klammern; das sind alle reellen Zahlen zwischen 5 und 7, ausschließlich der Zahl 5 und ausschließlich der Zahl 7

- links abgeschlossenes und rechts offenes Intervall $[5; 7)$
  eckige und runde Klammer; das sind alle reellen Zahlen zwischen 5 und 7, einschließlich der Zahl 5 und ausschließlich der Zahl 7

- Intervall mit unendlich $[5; \infty) = \{x \in \mathbb{R} \mid x \geq 5\}$
  das sind alle reellen Zahlen, die mindestens so groß sind wie die Zahl 5

Zwischen dem Intervall $[5;7]$ und der Menge $\{5, 7\}$ besteht folgender Unterschied: Die Menge $\{5, 7\}$ enthält genau zwei Elemente, während das Intervall $[5,7]$ mehr als zwei Zahlen enthält. So gilt z.B. $6 \in [5; 7]$, aber $6 \notin \{5; 7\}$. Ferner gilt $6{,}4 \in [5; 7]$, aber $6{,}4 \notin \{5, 7\}$.

Um z.B. die Produktionsmengen anzugeben, in denen kein Verlust gemacht wird, müssen wir mit Mengen rechnen können.

Beispiel 2.2
Wir wollen das Rechnen mit Mengen üben:

$$[5; 7] \cap [7; 8] \quad = \{7\}$$
$$[5; 7) \cap (7; 8] \quad = \emptyset$$
$$[5; 7) \cup [7; 8] \quad = [5; 8]$$
$$[5; 8] \backslash [5; 7) \quad = [7; 8]$$
$$[2; 8] \cup (3; 5) \quad = [2; 8]$$
$$[2; 8] \cap (3; 5) \quad = (3; 5)$$
$$[2; 8] \backslash (3; 10) \quad = [2; 3]$$
$$[2; 8] \cap (3; 10) \quad = (3; 8]$$
$$(3; 10) \cap \mathbb{N} \quad = \{4; 5; 6; 7; 8; 9\}$$

2.2 Abbildungen

In der Ökonomie werden Zusammenhänge zwischen verschiedenen Größen wie Gewinn, Absatz, Umsatz etc. in Form von Abbildungen beschrieben. Diese Abbildungen geben im Allgemeinen nicht die in der Praxis tatsächlich beobachteten Werte an, sondern beschreiben ein Modell, anhand dessen unternehmerische Entscheidungen gefällt werden können.

Definition 2.3
A und B seien zwei Mengen. Eine **Abbildung** f von A nach B ist eine Zuordnungsvorschrift, die jedem Element aus A genau ein Element aus B zuordnet.

Beispiel 2.4
Für ein Gut betrage der Verkaufs-Stückpreis (unabhängig von der abgesetzten Menge des Gutes) 24 Geldeinheiten. Wird jeder abgesetzten Menge x eines Gutes der Umsatz/Erlös $= 24 \cdot x$ zugeordnet, so ist diese Zuordnungsvorschrift eine Abbildung.

Beispiel 2.5
Keine Abbildung ist z.B. die Zuordnungsvorschrift, die jedem Hersteller seine Erzeugnisse zuordnet:

Bayer Leverkusen $\nearrow$ Aspirin
$\searrow$ Talcid

Definition 2.6
Eine Abbildung mit B $\subset$ $\mathbb{R}^n$ heißt auch **Funktion**. Wir schreiben $f : A \to B$ bzw. $a \mapsto f(a)$. Wir bezeichnen a als Argument oder (unabhängige) Variable, $f(a)$ als den Wert der Funktion an der Stelle a.

Beispiel 2.7
Die Abbildung $U(x) = 24x$; $x \in \mathbb{R}_0^+$ aus dem Beispiel 2.4 ist eine Funktion.

Häufig werden in der Ökonomie Zusammenhänge zwischen dem Verkaufspreis p pro Stück eines Gutes und der abgesetzten Menge x des Gutes betrachtet. Solch eine Beziehung wird auch als **Preis-Absatz Funktion** bezeichnet. Die Preis-Absatz Funktion gibt den Stückverkaufspreis eines Gutes an, falls x Mengeneinheiten (kurz ME) des Guts abgesetzt wurden.

Im nachfolgenden Beispiel betrachten wir die Preis-Absatz Funktion $p(x)$, die einer vorgegebenen Absatzmenge x den Stückverkaufspreis p zuordnet.

Beispiel 2.8
Beträgt z.B. der Verkaufspreis einer bestimmten CD 22 € pro Stück und hat die Absatzmenge x der CD keinen Einfluss auf den Verkaufspreis, so lautet die Preis-Absatz Funktion $p(x) = 22$. D.h. werden z.B. sieben CDs verkauft, so ist $p(7) = 22$.
Hat hingegen die Absatzmenge x einen Einfluss auf den Verkaufspreis, so ist $p(x)$ keine konstante Funktion. Beträgt z.B. der Verkaufspreis einer Melone 1,20 € pro Stück und gibt es weiter drei Melonen für insgesamt drei Euro, so lautet in Abhängigkeit der absetzten Menge x die Preis-Absatz Funktion:

$$p(x) = \begin{cases} 1{,}20 \text{ ;für } x = 1 \text{ oder } x = 2 \\ 1{,}00 \text{ ;für } x = 3 \end{cases}$$

Eine Abbildung $f : A \to B$ lässt sich durch die Angabe von den folgenden drei Mengen beschreiben:

■ **Definitionsbereich $\mathsf{D}_f = A$**

■ **Wertebereich $\mathsf{W}_f = B$**

■ **Graf $\mathsf{G}_f = \{(a, f(a)) \mid a \in A\}$**

Sind für eine Funktion f weder D_f noch W_f explizit angegeben, so wählen wir folgende Festlegung: $\mathsf{D}_f = $ Menge aller $x \in \mathbb{R}$, für die $f(x)$ erklärt ist und $\mathsf{W}_f = \mathbb{R}$. D.h. insb. der Definitionsbereich ist so festzulegen, dass keine Division durch Null auftreten kann.

Beispiel 2.9
Wie sieht für die Funktion $f(x) = \dfrac{1}{4x^2 + 4x - 8}$ der Definitionsbereich D_f aus?
Der Nenner ist genau dann Null, wenn $x = -2$ oder $x = 1$ ist. Also beträgt der Definitionsbereich $\mathsf{D}_f = \mathbb{R}\backslash\{-2; 1\}$. Setzen wir für x nur Zahlen aus dem Definitionsbereich ein, so ergibt sich als Wertebereich von f die Menge $\mathbb{R}\backslash\{0\}$.

Der Definitionsbereich und der Wertebereich einer Preis-Absatz Funktion sind so zu bestimmen, dass weder negative Preise noch negative Absatzmengen auftreten können. Steht ferner bei einer Preis-Absatz Funktion eine Variable x oder p im Nenner, so müssen wir bei der Angabe des Definitionsbereichs ausschließen, dass wir durch Null dividieren sollen.

Im nachfolgenden Beispiel betrachten wir die Preis-Absatz Funktion $x(p)$, die einem vorgegebenen Stückverkaufspreis p die erzielte Absatzmenge x zuordnet.

Beispiel 2.10
Gegeben ist die folgende Preis-Absatz Funktion:

$$x(p) = \frac{10}{p} - 7$$

Wir sollen den Definitionsbereich bestimmen. Dazu überlegen wir uns erst einmal, wie die Beziehung zwischen p und x aussieht:

p	x
0,01	993
0,10	93
0,25	33
0,5	13
1	3
$p =?$	0

Wie hoch muss der Preis sein, damit sich kein Käufer für das Gut findet?

$$0 = \frac{10}{p} - 7 \Leftrightarrow p = \frac{10}{7}$$

d.h. beträgt der Verkaufspreis pro Stück 10/7 GE, so findet sich kein Käufer des Produkts.

Also muss gelten: $p \in (0; \frac{10}{7}]$

d.h. der Definitionsbereich von $x(p)$ ist das Intervall $(0; \frac{10}{7}]$. Als Wertebereich ergibt sich die Menge $[0; +\infty)$.

Anmerkung: Die Kenntnis der Beziehung zwischen dem Verkaufspreis und der Absatzmenge lässt sich in der Praxis gut durch eine Kundenbefragung gewinnen:

- Wie hoch ist die Wahrscheinlichkeit, dass Sie dieses Produkt zu einem Preis von 50 € kaufen?

- Zu welchem Preis würden Sie dieses Produkt ganz sicher kaufen?

- Wie viel würden Sie für dieses Produkt höchstens bezahlen?

■ Welche Stückzahlen dieses Produkts würden Sie bei einem Preis von 45 Euro kaufen? usw.

Ist der Definitionsbereich einer Abbildung bekannt, so lässt sich daraus der Graf bestimmen.

Beispiel 2.11
Es sind $A = \{1, 2, 3\}$ und $B = \{1, 4, 9\}$. Die Abbildung $f : A \to B$ ordnet jedem Element $a \in A$ den Wert a^2 zu. Dann sieht der Graf von f wie folgt aus:

$$G_f = \{(1, 1), (2, 4), (3, 9)\}$$

Um mit Funktionen rechnen zu können, müssen wir klären, wann zwei Funktionen gleich sind:

Definition 2.12
Zwei Abbildungen f, g heißen **gleich**, wenn gilt $D_f = D_g$ und $W_f = W_g$ und $G_f = G_g$.

Beispiel 2.13
Die Abbildungen $f(x) = \dfrac{1}{x + 3}$ und $g(x) = \dfrac{x + 1}{(x + 1)(x + 3)}$ sind nicht gleich. Der Definitionsbereich von f ist die Menge $D_f = \mathbb{R} \backslash \{-3\}$ und der Definitionsbereich von g ist die Menge $D_g = \mathbb{R} \backslash \{-3; -1\}$. Somit gilt $D_f \neq D_g$.

Wir zeichnen die Abbildung f:

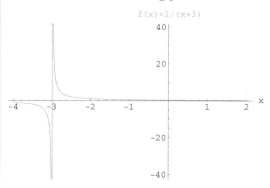

Wir zeichnen die Abbildung g:

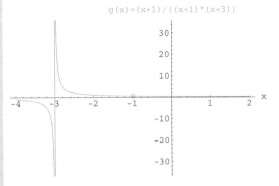

Visuell ist der einzige Unterschied zwischen den beiden Grafiken, dass die Funktion g an der Stelle $x = -1$ eine Definitionslücke hat, während die Funktion f an der Stelle $x = -1$ definiert ist und der Funktionswert $f(-1) = 0{,}5$ beträgt.

Um zu sehen, wie aus der Preis-Absatz Funktion $x(p)$ die umgekehrte Preis-Absatz Funktion $p(x)$ bestimmt wird, werden wir vorher den Begriff „Urbildmenge" klären:

Definition 2.14
Ist $f : \mathsf{A} \to \mathsf{B}$ eine Abbildung, so heißt die Menge $\{a \in \mathsf{A} \mid f(a) = b\}$ die **Urbildmenge** von $\{b\}$. Wir schreiben kurz:

$$f^{-1}(\{b\}) = \{a \in \mathsf{A} \mid f(a) = b\}$$

Beispiel 2.15
Die Urbildmenge von $\{8\}$ der Abbildung $f : \mathbb{R} \to \mathbb{R}$ mit $f(x) = 4x^2 + 4x$ lautet:

$$f^{-1}(\{8\}) = \{-2; 1\}$$

denn $f(-2) = 8$ und $f(1) = 8$.

Definition 2.16
Ist $f(\mathsf{A}) = \mathsf{B}$ und besteht zu jedem $b \in \mathsf{B}$ die Urbildmenge $f^{-1}(\{b\})$ aus genau einem Element, so wird die Abbildung f als **bijektiv** bezeichnet. Die umgekehrte Zuordnungsvorschrift ist dann insbesondere eine Abbildung und wird als **Umkehrabbildung** oder **inverse Abbildung** von f bezeichnet.

2 Mengen und Abbildungen

Beispiel 2.17

Die Preis-Absatz Funktion:

$$x(p) = \frac{2000}{3} - \frac{5}{3}p \; ; p \in [0, 400]$$

gibt zu jedem Verkaufspreis p die abgesetzte Menge bzw. Nachfrage x des Gutes an. Beträgt der Verkaufspreis null Geldeinheiten, so werden 666,6 Mengeneinheiten des Gutes abgesetzt, mehr Mengeneinheiten können nicht abgesetzt werden. Die Zahl 666,6 wird deshalb auch als **Sättigungsgrenze** bezeichnet. Beträgt der Verkaufspreis 400 Geldeinheiten, so findet sich kein Käufer. Der Absatz ist null. Der Preis 400 GE wird auch als **Prohibitionspreis** bezeichnet.

Geben wir den Absatz vor und möchten wissen, welchen Verkaufspreis wir für die gewünschte Absatzmenge wählen müssen, so erhalten wir die umgekehrte Preis-Absatz Funktion:

$$p(x) = 400 - 0{,}6x \; ; x \in \left[0; \frac{2000}{3}\right]$$

Die Preis-Absatzfunktion $p(x)$ gibt den Verkaufspreis pro ME an, falls x ME abgesetzt/nachgefragt werden. Formal ist $p(x)$ die Umkehrabbildung von $x(p)$.

Beispiel 2.18

Ordnen wir jeder Ware eines Supermarkts ihren Preis (in Euro) zu:

$f(\text{Joghurt}) = 0{,}60$

$f(\text{Milch}) = 0{,}60$ usw.

so gibt es keine Umkehrabbildung von f; denn z.B. der Preis 0,60 Euro wird für mehrere Produkte erhoben.

Satz 2.19

Die Umkehrabbildung von $f : \mathsf{A} \to \mathsf{B}$ existiert genau dann, wenn gilt:

■ $f(\mathsf{A}) = \mathsf{B}$

■ Die Gleichung $f(x) = y$ hat genau <u>eine</u> Lösung für x, $x \in \mathsf{A}$.

Beispiel 2.20

Gegeben ist die Preis-Absatz Funktion:

$$p(x) = 140 - 2x \; ; x \in [0; 70]$$

Dann gilt für den Verkaufspreis p in GE pro ME: $p \in [0; 140]$. Gesucht ist die umgekehrte Preis-Absatz Funktion $x(p)$; d.h. wir müssen folgende Gleichung nach x auflösen:

$$
\begin{aligned}
p &= 140 - 2x & &| +2x \\
p + 2x &= 140 & &| -p \\
2x &= 140 - p & &| \div 2 \\
x &= 70 - 0{,}5p
\end{aligned}
$$

d.h. die umgekehrte Preis-Absatz Funktion ist:

$$x(p) = 70 - 0{,}5p \; ; p \in [0; 140]$$

Beispiel 2.21

Gegeben ist die Preis-Absatz Funktion:

$$x(p) = \frac{120}{p} - 8 \; ; p \in (0; 15]$$

Für die abgesetzte Menge x gilt dann: $x \in \mathbb{R}_0^+$. Gesucht ist die umgekehrte Preis-Absatz Funktion $p(x)$; d.h. wir müssen folgende Gleichung nach p auflösen:

$$
\begin{aligned}
x &= \frac{120}{p} - 8 & &| +8 \\
x + 8 &= \frac{120}{p} & &| \cdot p \\
p(x + 8) &= 120 & &| \div (x + 8) \\
p &= \frac{120}{x + 8}
\end{aligned}
$$

d.h. die umgekehrte Preis-Absatz Funktion ist:

$$p(x) = \frac{120}{x + 8} \; ; x \in \mathbb{R}_0^+$$

In der Ökonomie werden Arbeitszeit (in Stunden), Kapital (in Geldeinheiten), Boden (in Geldeinheiten oder in qm), Anlagen (in Geldeinheiten), Material (in Geldeinheiten oder Mengeneinheiten), Dienstleistungen (in Geldeinheiten) usw. als **Produktionsfaktoren** bezeichnet. Eine Funktion, die den Zusammenhang zwischen der eingesetzten Menge r des Produktionsfaktors und

den daraus hergestellten Mengeneinheiten x des Guts angibt, heißt
Produktionsfunktion.

> **Beispiel 2.22**
> Es bezeichnet r die eingesetzte Arbeitszeit (in h) und x die
> Ausbringungsmenge des Gutes. Eine Arbeitsstunde kostet 30
> GE, mehr Kosten entstehen bei der Produktion nicht.
> Zwischen r und x besteht der folgende Zusammenhang:
>
> Produktionsfunktion $x(r) = 5 \cdot \sqrt{r}$; $r \in [0; \infty)$
>
> d.h. wird eine Stunde gearbeitet, so werden genau 5 ME des
> Gutes hergestellt. Werden 4 Stunden gearbeitet, so werden ge-
> nau 10 ME hergestellt.
> Wir möchten zunächst die Umkehrabbildung $r(x)$ bestimmen.
> Dazu müssen wir die nachfolgende Gleichung nach r auflösen:
>
> $$x = 5 \cdot \sqrt{r} \mid \div 5$$
> $$0{,}2 \cdot x = \sqrt{r} \quad \mid \text{ quadrieren}$$
> $$0{,}04 \cdot x^2 = r$$
>
> d.h. $r(x) = 0{,}04 \cdot x^2$.
>
> Jetzt möchten wir noch die Kosten der Produktion in Abhän-
> gigkeit von x angeben. Wir wissen schon, dass in Abhängigkeit
> von r die Kosten $K(r) = 30 \cdot r$ betragen. Daraus erhalten wir
> mit $r = 0{,}04x^2$:
>
> $$K(x) = 30 \cdot r = 30 \cdot 0{,}04 \cdot x^2 = 1{,}2 \cdot x^2 \ ; x \in [0; \infty)$$

Mit der Bezeichnung „Kosten" im Beispiel 2.22 sind die Gesamtkosten gemeint. Die Gesamtkosten bestehen aus den Fertigungs-
kosten, Materialkosten, Personalkosten, Fremdleistungen, kalku-
latorischen Kosten und sonstigen Kosten.

2.3   Zusammenfassung

In der Mengenlehre wird zwischen sechs Klammern unterschieden:

Menge	Anfang	Ende
Aufzählung	{	}
offenes Intervall	(	)
abgeschlossenes Intervall	[	]

Prüfungstipp

Klausurthemen aus diesem Kapitel sind

- aus einer Preis-Absatz Funktion $p(x)$ die umgekehrte Preis-Absatz Funktion $x(p)$ zu berechnen und die Definitionsbereiche anzugeben,

- aus einer Preis-Absatz Funktion $x(p)$ die umgekehrte Preis-Absatz Funktion $p(x)$ zu berechnen und die Definitionsbereiche anzugeben sowie

- aus einer Produktionsfunktion $x(r)$ die umgekehrte Produktionsfunktion $r(x)$ zu bestimmen.

2 Mengen und Abbildungen

3 Matrizen

Lernziele

In diesem Kapitel lernen Sie

- das Rechnen mit Vektoren,

- das Rechnen mit Matrizen sowie

- das Erstellen von Produktionsmatrizen, insb. von Direktbedarfs- und Gesamtbedarfsmatrizen.

Zur übersichtlichen Darstellung von Daten wird in der Ökonomie oft eine tabellarische Anordnung verwendet.

3.1 Vektoren

Zunächst betrachten wir Tabellen mit nur einer Spalte.

Beispiel 3.1

Ein Unternehmen stellt drei Erzeugnisse E_1, E_2 und E_3 her. Die tägliche Produktionsmenge von E_1 beträgt x_1 Einheiten, vom Erzeugnis E_2 werden täglich x_2 Einheiten und vom Erzeugnis E_3 werden täglich x_3 Einheiten hergestellt.

Da zur Produktion der Erzeugnisse dieselben Ressourcen (Maschinen, Rohstoffe usw.) verwendet werden, erscheint es sinnvoll, die entsprechenden Produktionsmengen x_1, x_2 und x_3 nicht getrennt, sondern als gemeinsame Größe x zu betrachten:

$$x = \begin{pmatrix} x_1 \\ x_2 \\ x_3 \end{pmatrix}$$

Wir bezeichnen solche spaltenweise angeordneten reellen Zahlen als (Spalten-)Vektoren.

Definition 3.2
Ein $n-$dimensionaler reeller **Vektor** x ist ein Element des $\mathbb{R}^n$:

$$x = \begin{pmatrix} x_1 \\ x_2 \\ \vdots \\ x_n \end{pmatrix} \in \mathbb{R}^n.$$

Im Beispiel 3.1 ist $x \in \mathbb{R}^3$ ein Vektor der Dimension drei.

Werden die Elemente des Vektors x zeilenweise angeordnet: $x = (x_1, x_2, \ldots, x_n) \in \mathbb{R}^n$, so wird diese tabellarische Anordnung als **Zeilenvektor** bezeichnet. Sofern nichts anderes festgelegt wird, wollen wir unter einem Vektor im Folgenden jedoch stets einen Spaltenvektor verstehen. Die einzelnen Werte x_i, aus denen x zusammengesetzt ist, heißen **Komponenten** von x.

Definition 3.3
Zur Unterscheidung zwischen einem reellwertigen Vektor $x \in \mathbb{R}^n$ und einer reellen Zahl $r \in \mathbb{R}$ bezeichnen wir r auch als **Skalar**.

Wünschenswert ist es, mit Vektoren zu rechnen. Dazu müssen wir wissen, wie das Gleichheitszeichen erklärt ist:

Definition 3.4
Zwei Vektoren $a, b \in \mathbb{R}^n$ heißen genau dann **gleich**, wenn ihre Komponenten gleich sind:

$$a = \begin{pmatrix} a_1 \\ a_2 \\ \vdots \\ a_n \end{pmatrix}, b = \begin{pmatrix} b_1 \\ b_2 \\ \vdots \\ b_n \end{pmatrix}, \text{ wenn } a_i = b_i \text{ für alle } i = 1, 2, \ldots, n.$$

Beispiel 3.5
Es seien:

$$a = \begin{pmatrix} -3 \\ 0 \\ 4 \end{pmatrix}, b = \begin{pmatrix} -3 \\ 0 \\ 2^2 \end{pmatrix}, c = \begin{pmatrix} -3 \\ 0 \end{pmatrix}, d = \begin{pmatrix} 4 \\ -3 \\ 0 \end{pmatrix}$$

Dann gilt: $a = b$ und $a \neq c$ und $a \neq d$.

Definition 3.6

Die **Summe** $a + b$ der Vektoren $a, b \in \mathbb{R}^n$ ist definiert durch:

$$a + b = \begin{pmatrix} a_1 \\ \vdots \\ a_n \end{pmatrix} + \begin{pmatrix} b_1 \\ \vdots \\ b_n \end{pmatrix} = \begin{pmatrix} a_1 + b_1 \\ \vdots \\ a_n + b_n \end{pmatrix}$$

Beispiel 3.7 (Fortsetzung von Beispiel 3.1)

Ein Unternehmen stellt die drei Erzeugnisse E_1, E_2 und E_3 her. Die tägliche Produktionsmenge im Werk I beträgt:

$$a = \begin{pmatrix} x_1 \\ x_2 \\ x_3 \end{pmatrix} = \begin{pmatrix} 2 \\ 5 \\ 7 \end{pmatrix}$$

Und die tägliche Produktionsmenge des Werks II beträgt:

$$b = \begin{pmatrix} x_1 \\ x_2 \\ x_3 \end{pmatrix} = \begin{pmatrix} 3 \\ 4 \\ 3 \end{pmatrix}$$

so dass die gesamte Produktionsmenge der Werke I und II sich wie folgt berechnet:

$$a + b = \begin{pmatrix} 2 \\ 5 \\ 7 \end{pmatrix} + \begin{pmatrix} 3 \\ 4 \\ 3 \end{pmatrix} = \begin{pmatrix} 2+3 \\ 5+4 \\ 7+3 \end{pmatrix} = \begin{pmatrix} 5 \\ 9 \\ 10 \end{pmatrix}$$

Definition 3.8

Die **Multiplikation** von $a \in \mathbb{R}^n$ mit einem Skalar $r \in \mathbb{R}$ ist:

$$r \cdot a = r \cdot \begin{pmatrix} a_1 \\ \vdots \\ a_n \end{pmatrix} = \begin{pmatrix} r \cdot a_1 \\ \vdots \\ r \cdot a_n \end{pmatrix}$$

Beispiel 3.9 (Fortsetzung von Beispiel 3.7)

Das Werk III des Unternehmens stellt die doppelte Produktionsmenge von Werk I her:

$$2 \cdot \begin{pmatrix} 2 \\ 5 \\ 7 \end{pmatrix} = \begin{pmatrix} 2 \cdot 2 \\ 2 \cdot 5 \\ 2 \cdot 7 \end{pmatrix} = \begin{pmatrix} 4 \\ 10 \\ 14 \end{pmatrix}$$

3 Matrizen

3.2   Matrizen

Der Begriff „Matrix" hat unterschiedliche Bedeutungen. Zum einen ist es ein bekannter Filmtitel. In der Linearen Algebra, einem Teilgebiet der Mathematik, wird unter einer „Matrix" eine Tabelle verstanden, in der sowohl die Beschriftung der Zeilen als auch die Beschriftung der Spalten fehlen.

Beispiel 3.10
Für die Herstellung der drei Erzeugnisse $E_1 =$ Tisch, $E_2 =$ Stuhl, $E_3 =$ Schrank werden die beiden Zwischenprodukte $Z_1 =$ Stahl, $Z_2 =$ Holz benötigt. Der Materialverbrauch (in ME) pro Einheit der Erzeugnisse ist in folgender Tabelle aufgeführt:

	$E_1 =$ Tisch	$E_2 =$ Stuhl	$E_3 =$ Schrank
$Z_1 =$ Stahl	1	2	3
$Z_2 =$ Holz	3	1	4

Der Zusammenhang zwischen dem Bedarf an Zwischenprodukten Z_1 bzw. Z_2 für jeweils eine ME der Erzeugnisse E_1, E_2, E_3 lässt sich durch folgende Tabelle darstellen:

$$\begin{pmatrix} 1 & 2 & 3 \\ 3 & 1 & 4 \end{pmatrix} \text{ bzw. } \begin{bmatrix} 1 & 2 & 3 \\ 3 & 1 & 4 \end{bmatrix}$$

Solche Tabellen werden als eigenständige Gebilde unter dem Begriff der „Matrizen" betrachtet, wobei es keinen Unterschied macht, für die Matrix-Darstellung runde oder eckige Klammern zu verwenden.

Definition 3.11
Eine reelle **Matrix** A vom Typ (m, n), kurz (m, n)-Matrix, ist eine Tabelle reeller Zahlen mit m Zeilen und n Spalten. Die **Elemente** oder **Komponenten** einer allgemeinen Matrix werden durch Doppelindizes gekennzeichnet:

$$A = \begin{pmatrix} a_{11} & a_{12} & \dots & a_{1n} \\ a_{21} & a_{22} & \dots & a_{2n} \\ \vdots & & & \\ a_{m1} & a_{m2} & \dots & a_{mn} \end{pmatrix}$$

$a_{ij} =$ Element von A in der $i-$ten Zeile und der $j-$ten Spalte.

Beispiel 3.12
Beispiel für eine Matrix:

$$A = \begin{pmatrix} 1 & 2 & 3 & 0 \\ 0 & 1 & 2 & 1 \\ 0 & 0 & 1 & 1 \end{pmatrix}_{3 \times 4}$$

$a_{13} = 3$

Um mit Matrizen rechnen zu können, müssen wir festlegen, wann zwei Matrizen gleich sind:

Definition 3.13
Zwei Matrizen desselben Typs heißen genau dann **gleich**, wenn alle Komponenten gleich sind:

$A = B \Leftrightarrow a_{ij} = b_{ij}$ für alle i, j

Beispiel 3.14
Für die Matrizen:

$$A = \begin{bmatrix} 1 & 49 \\ -2 & 0 \end{bmatrix}, B = \begin{bmatrix} 1 & 7^2 \\ -2 & 0 \end{bmatrix}, C = \begin{bmatrix} 8^0 & 49 \\ 5 & 0 \end{bmatrix}, D = \begin{bmatrix} 49 & 1 \\ 0 & -2 \end{bmatrix}$$

gilt:

$A = B$ und $A \neq C$ und $A \neq D$

Definition 3.15
Die **Multiplikation einer Matrix mit einem Skalar** geschieht elementweise (komponentenweise):

$$r \cdot A = r \cdot \begin{pmatrix} a_{11} & a_{12} & \ldots & a_{1n} \\ a_{21} & a_{22} & \ldots & a_{2n} \\ \vdots & & & \\ a_{m1} & a_{m2} & \ldots & a_{mn} \end{pmatrix}$$

$$= \begin{pmatrix} r \cdot a_{11} & r \cdot a_{12} & \ldots & r \cdot a_{1n} \\ r \cdot a_{21} & r \cdot a_{22} & \ldots & r \cdot a_{2n} \\ \vdots & & & \\ r \cdot a_{m1} & r \cdot a_{m2} & \ldots & r \cdot a_{mn} \end{pmatrix}$$

Beispiel 3.16 (Fortsetzung des Beispiels 3.10)
Der Bedarf an Zwischenprodukten Z_1, Z_2 für jeweils drei Mengeneinheiten der Erzeugnisse E_1, E_2, E_3 beträgt:

$$3 \cdot \begin{pmatrix} 1 & 2 & 3 \\ 3 & 1 & 4 \end{pmatrix} = \begin{pmatrix} 3 \cdot 1 & 3 \cdot 2 & 3 \cdot 3 \\ 3 \cdot 3 & 3 \cdot 1 & 3 \cdot 4 \end{pmatrix} = \begin{pmatrix} 3 & 6 & 9 \\ 9 & 3 & 12 \end{pmatrix}$$

Definition 3.17
Die **Addition** zweier Matrizen A, B gleichen Typs geschieht elementweise:

$$A + B = \begin{pmatrix} a_{11} & a_{12} & \ldots & a_{1n} \\ a_{21} & a_{22} & \ldots & a_{2n} \\ \vdots & & & \\ a_{m1} & a_{m2} & \ldots & a_{mn} \end{pmatrix} + \begin{pmatrix} b_{11} & b_{12} & \ldots & b_{1n} \\ b_{21} & b_{22} & \ldots & b_{2n} \\ \vdots & & & \\ b_{m1} & b_{m2} & \ldots & b_{mn} \end{pmatrix}$$

$$= \begin{pmatrix} a_{11} + b_{11} & a_{12} + b_{12} & \ldots & a_{1n} + b_{1n} \\ a_{21} + b_{21} & a_{22} + b_{22} & \ldots & a_{2n} + b_{2n} \\ \vdots & & & \\ a_{m1} + b_{m1} & a_{m2} + b_{m2} & \ldots & a_{mn} + b_{mn} \end{pmatrix}$$

Beispiel 3.18
Im ersten Halbjahr betrugen im Werk 1 und im Werk 2 die produzierten Mengen der Güter P_1, P_2, P_3:

Werk	P_1	P_2	P_3
1	200	300	50
2	50	70	10

Im zweiten Halbjahr betrugen die Produktionsmengen:

Werk	P_1	P_2	P_3
1	210	290	50
2	60	60	20

Die jährliche Produktionsmenge beträgt nach Werken und Produkten geordnet:

$$\begin{pmatrix} 200 & 300 & 50 \\ 50 & 70 & 10 \end{pmatrix} + \begin{pmatrix} 210 & 290 & 50 \\ 60 & 60 & 20 \end{pmatrix} = \begin{pmatrix} 410 & 590 & 100 \\ 110 & 130 & 30 \end{pmatrix}$$

Manchmal ist es notwendig, die Beschriftung der Zeilen und Spalten einer Matrix zu vertauschen.

Definition 3.19
Die Vertauschung von Zeilen und Spalten einer Matrix wird als Transposition bezeichnet, das Resultat als **transponierte Matrix A^t** oder A':

$$A^t = \begin{pmatrix} a_{11} & a_{12} & \cdots & a_{1n} \\ a_{21} & a_{22} & \cdots & a_{2n} \\ \vdots & & & \\ a_{m1} & a_{m2} & \cdots & a_{mn} \end{pmatrix}^t = \begin{pmatrix} a_{11} & a_{21} & \cdots & a_{m1} \\ a_{12} & a_{22} & \cdots & a_{m2} \\ \vdots & & & \\ a_{1n} & a_{2n} & \cdots & a_{mn} \end{pmatrix}$$

Die Transponierte einer (m,n)-Matrix ist vom Typ (n,m).

Beispiel 3.20
Beispiel für eine transponierte Matrix:

$$\begin{pmatrix} 1 & 2 & 3 & 0 \\ 0 & 1 & 2 & 1 \\ 0 & 0 & 1 & 1 \end{pmatrix}_{3\times4}^t = \begin{pmatrix} 1 & 0 & 0 \\ 2 & 1 & 0 \\ 3 & 2 & 1 \\ 0 & 1 & 1 \end{pmatrix}_{4\times3}$$

Vertauschen wir zweimal hintereinander die Beschriftung einer Matrix, so erhalten wir wieder die ursprüngliche Matrix, d.h. es gilt stets: $(A^t)^t = A$.

3.3 Spezielle Matrizen

Eine Matrix vom Typ $(m,1)$ ist ein Spaltenvektor $\begin{pmatrix} a_1 \\ \vdots \\ a_m \end{pmatrix}$
Eine Matrix vom Typ $(1,n)$ ist ein Zeilenvektor $(b_1,\ldots,b_n)$.
Eine Matrix vom Typ $(1,1)$ ist eine reelle Zahl.

Definition 3.21
Eine Matrix vom Typ (n,n) wird auch als **quadratische** Matrix bezeichnet. Die Elemente $a_{11}, a_{22}, \ldots, a_{nn}$ einer quadratischen Matrix heißen **Hauptdiagonalelemente**.

3 Matrizen

Beispiel 3.22

Gegeben sei folgende quadratische Matrix A.

$$A = \begin{pmatrix} 1 & 2 & 3 \\ 4 & 5 & 6 \\ 7 & 8 & 9 \end{pmatrix}$$

Dann sind $a_{11} = 1, a_{22} = 5, a_{33} = 9$ die Hauptdiagonalelemente von A.

Definition 3.23

Eine Matrix A heißt **symmetrisch**, falls $A^t = A$ gilt.

Zum Beispiel ist eine Tabelle, in der die Entfernungen (in km) zwischen verschiedenen Großstädten stehen (vgl. Autoatlas), eine symmetrische Matrix mit Nullen auf der Hauptdiagonalen.

Beispiel 3.24

Gegeben sei folgende Matrix A.

$$A = \begin{pmatrix} 1 & 2 & 3 \\ 2 & 4 & 5 \\ 3 & 5 & 6 \end{pmatrix}$$

Die transponierte Matrix lautet: $A^t = \begin{pmatrix} 1 & 2 & 3 \\ 2 & 4 & 5 \\ 3 & 5 & 6 \end{pmatrix}$

d.h. A ist eine symmetrische Matrix.

Insbesondere sind symmetrische Matrizen quadratisch.

Definition 3.25

Eine quadratische Matrix D heißt **Diagonalmatrix**, falls gilt:

$$D = \begin{pmatrix} d_{11} & 0 & \dots & 0 \\ 0 & d_{22} & \dots & 0 \\ \dots & & & \\ 0 & 0 & \dots & d_{nn} \end{pmatrix}$$

Insbesondere sind Diagonalmatrizen symmetrisch.

Beispiel 3.26
Gegeben sei folgende Matrix A:

$$A = \begin{pmatrix} 1 & 0 & 0 & 0 \\ 0 & 5 & 0 & 0 \\ 0 & 0 & -7 & 0 \\ 0 & 0 & 0 & 53 \end{pmatrix}$$

Dann ist A eine Diagonalmatrix.

Eine wesentliche Matrix für den Gaußalgorithmus, den wir in Kapitel 4.2 kennen lernen werden, ist eine Matrix mit Nullen unterhalb der Hauptdiagonalen:

Definition 3.27
Eine quadratische Matrix A heißt **obere Dreiecksmatrix**, falls alle Elemente unterhalb der Hauptdiagonalen den Wert Null haben; d.h. falls $a_{ij} = 0$ für $i > j$:

$$A = \begin{pmatrix} a_{11} & a_{12} & \ldots & a_{1n} \\ 0 & a_{22} & \ldots & a_{2n} \\ \ldots & & & \\ 0 & 0 & \ldots & a_{nn} \end{pmatrix}$$

Beispiel 3.28
Gegeben sei folgende Matrix A:

$$A = \begin{pmatrix} 1 & 0 & 7 & 0 \\ 0 & 5 & -1 & 2 \\ 0 & 0 & -7 & 0 \\ 0 & 0 & 0 & 53 \end{pmatrix}$$

Dann ist A eine obere Dreiecksmatrix.

Definition 3.29
Eine **Einheitsmatrix** ist eine Diagonalmatrix mit Einsen auf der Hauptdiagonalen:

$$A = \begin{pmatrix} 1 & 0 & \ldots & 0 \\ 0 & 1 & \ldots & 0 \\ \ldots & & & \\ 0 & 0 & \ldots & 1 \end{pmatrix}$$

3 Matrizen

Einheitsmatrizen spielen in der Linearen Algebra eine zentrale Rolle. Bevor wir darauf genauer eingehen werden, betrachten wir noch ein Beispiel.

Beispiel 3.30
Gegeben seien folgende Matrizen A und B:

$$A = \begin{pmatrix} 1 & 0 & 0 & 0 \\ 0 & 1 & 0 & 0 \\ 0 & 0 & 1 & 0 \\ 0 & 0 & 0 & 1 \end{pmatrix} \text{ und } B = \begin{pmatrix} 1 & 0 & 0 \\ 0 & 1 & 0 \\ 0 & 0 & 1 \end{pmatrix}$$

Dann sind A und B Einheitsmatrizen.

3.4　Produkt zweier Matrizen

Unser Ziel ist es, mit Matrizen rechnen zu können, um bei komplizierten Fragestellungen einen Algorithmus (eine allgemeine systematische Vorgehensweise) zur Auffindung der Lösung angeben zu können. In diesem Kapitel werden wir klären, wie zwei Matrizen miteinander zu multiplizieren sind.

Beispiel 3.31
Für die Herstellung der Erzeugnisse E_1, E_2, E_3 werden die Rohstoffe R_1, R_2 und die Zwischenprodukte Z_1, Z_2 benötigt. Der Materialverbrauch (in ME) zur Herstellung von jeweils einer Mengeneinheit der Zwischenprodukte ist wie folgt angegeben:

	Z_1	Z_2
R_1	2	1
R_2	3	1

bzw. $A = \begin{pmatrix} 2 & 1 \\ 3 & 1 \end{pmatrix}$

Der Bedarf (in ME) an Zwischenprodukten zur Herstellung jeweils einer Mengeneinheit der Endprodukte beträgt:

	E_1	E_2	E_3
Z_1	1	2	3
Z_2	3	1	4

bzw. $B = \begin{pmatrix} 1 & 2 & 3 \\ 3 & 1 & 4 \end{pmatrix}$

Gesucht ist der Rohstoff-Gesamtbedarf, der zur Herstellung jeweils einer Mengeneinheit der Endprodukte benötigt wird.

1. Lösungsweg:

Frage: Wie groß ist der Materialverbrauch von R_1, R_2 für ein Stück E_1?

Antwort: $1\,E_1 = 1\,Z_1 + 3 Z_2$
$= 1(2\,R_1 + 3\,R_2) + 3(1\,R_1 + 1\,R_2)$
$= 5\,R_1 + 6\,R_2$

Frage: Wie groß ist der Materialverbrauch von R_1, R_2 für ein Stück E_2?

Antwort: $1\,E_2 = 2\,Z_1 + 1Z_2$
$= 2(2\,R_1 + 3\,R_2) + 1(1\,R_1 + 1\,R_2)$
$= 5\,R_1 + 7\,R_2$

Frage: Wie groß ist der Materialverbrauch von R_1, R_2 für ein Stück E_3?

Antwort: $1\,E_3 = 3\,Z_1 + 4 Z_2$
$= 3(2\,R_1 + 3\,R_2) + 4(1\,R_1 + 1\,R_2)$
$= 10\,R_1 + 13\,R_2$

Das Ergebnis lässt sich übersichtlich in einer Matrix M darstellen:

	E_1	E_2	E_3
R_1	5	5	10
R_2	6	7	13

bzw. $M = \begin{pmatrix} 5 & 5 & 10 \\ 6 & 7 & 13 \end{pmatrix}$

2. Lösungsweg:

Die Matrix M des Gesamtbedarfs (in ME) an Rohstoffen für jeweils eine ME der Endprodukte ergibt sich auch durch die „Matrizenmultiplikation" $A \cdot B$:

$$\begin{pmatrix} 2 & 1 \\ 3 & 1 \end{pmatrix} \cdot \begin{pmatrix} 1 & 2 & 3 \\ 3 & 1 & 4 \end{pmatrix} = \begin{pmatrix} m_{11} & m_{12} & m_{13} \\ m_{21} & m_{22} & m_{23} \end{pmatrix}$$

wobei die Ergebnismatrix M genau so viele Zeilen wie A und genau so viele Spalten wie B enthält. Die Elemente von M berechnen sich wie folgt:

m_{11} erste Zeile von A mal erster Spalte von B:
$2 \cdot 1 + 1 \cdot 3 = 5$

m_{12} erste Zeile von A mal zweiter Spalte von B:
$2 \cdot 2 + 1 \cdot 1 = 5$

m_{13} erste Zeile von A mal dritter Spalte von B:
$2 \cdot 3 + 1 \cdot 4 = 10$

m_{21} zweite Zeile von A mal erster Spalte von B:
$3 \cdot 1 + 1 \cdot 3 = 6$

m_{22} zweite Zeile von A mal zweiter Spalte von B:
$$3 \cdot 2 + 1 \cdot 1 = 7$$

m_{23} zweite Zeile von A mal dritter Spalte von B:
$$3 \cdot 3 + 1 \cdot 4 = 13$$

Somit haben wir:
$$\begin{pmatrix} 2 & 1 \\ 3 & 1 \end{pmatrix} \cdot \begin{pmatrix} 1 & 2 & 3 \\ 3 & 1 & 4 \end{pmatrix} = \begin{pmatrix} 5 & 5 & 10 \\ 6 & 7 & 13 \end{pmatrix}$$

In dem Beispiel 3.31 haben wir gesehen, dass die Grundidee für ein Matrizenprodukt auf der Berechnung des Gesamt-Rohmaterial-Bedarfs in einem zweistufigen Produktionsprozess beruht. Allgemein ist das Matrizenprodukt $A \cdot B$ wie folgt erklärt:

Definition 3.32
Das **Produkt** $A \cdot B$ der $(m, n)-$Matrix A mit der $(n, k)-$Matrix B ist wie folgt erklärt:

$$\begin{pmatrix} a_{11} & \ldots & a_{1n} \\ \vdots & & \\ a_{i1} & \ldots & a_{in} \\ \vdots & & \\ a_{m1} & \ldots & a_{mn} \end{pmatrix}_{m \times n} \cdot \begin{pmatrix} b_{11} & \ldots & b_{1j} & \ldots & b_{1k} \\ & \vdots & & & \\ b_{n1} & \ldots & b_{nj} & \ldots & b_{nk} \end{pmatrix}_{n \times k}$$

$$= \begin{pmatrix} c_{11} & \ldots & c_{1j} & \ldots & c_{1k} \\ \vdots & & & & \\ c_{i1} & \ldots & \boxed{c_{ij}} & \ldots & c_{ik} \\ \vdots & & & & \\ c_{m1} & \ldots & c_{mj} & \ldots & c_{mk} \end{pmatrix}_{m \times k}$$

ist die $(m, k)-$Matrix C mit den Elementen $c_{ij} = \sum_{l=1}^{n} a_{il} \cdot b_{lj} = a_{i1} \cdot b_{1j} + \ldots + a_{in} \cdot b_{nj}$; $i = 1, \ldots, m; j = 1, \ldots, k$.

⚠ Soll das Matrizenprodukt $A \cdot B$ berechnet werden, so ist dies nur möglich, wenn die Anzahl der Spalten der Matrix A identisch ist mit der Anzahl der Zeilen der Matrix B. Das Ergebnis der Matrizenproduktion ist ebenfalls eine Matrix, sie hat so viele Zeilen wie die Matrix A und so viele Spalten wie die Matrix B.

Beispiel 3.33

Werden zur Berechnung des Produkts $A \cdot B$ die beiden Matrizen $A = \begin{pmatrix} 2 & 1 \\ 3 & 1 \end{pmatrix}$ und $B = \begin{pmatrix} 1 & 2 & 3 \\ 3 & 1 & 4 \end{pmatrix}$ versetzt übereinander geschrieben, so lässt sich der Typ der Ergebnismatrix leichter erkennen:

$$\begin{matrix} & \begin{pmatrix} 1 & 2 & 3 \\ 3 & 1 & 4 \end{pmatrix} \\ \begin{pmatrix} 2 & 1 \\ 3 & 1 \end{pmatrix} & ? \end{matrix}$$

$$\begin{matrix} & \begin{pmatrix} 1 & 2 & 3 \\ 3 & 1 & 4 \end{pmatrix} \\ \begin{pmatrix} 2 & 1 \\ 3 & 1 \end{pmatrix} & \begin{pmatrix} 5 & 5 & 10 \\ 6 & 7 & 13 \end{pmatrix} \end{matrix}$$

Beispiel 3.34

Gegeben seien die Matrizen:

$$A = \begin{pmatrix} 1 & 2 & 3 & 0 \\ 0 & 1 & 2 & 1 \\ 0 & 0 & 1 & 1 \end{pmatrix}_{3\times 4} \quad, B = \begin{pmatrix} 1 & 2 \\ 0 & 1 \\ 1 & 0 \\ 1 & 1 \end{pmatrix}_{4\times 2} \quad, C = \begin{pmatrix} 1 & 0 & 5 \\ 0 & 2 & 3 \end{pmatrix}_{2\times 3}$$

und die Einheitsmatrix E:

$$E = \begin{pmatrix} 1 & 0 & 0 & 0 \\ 0 & 1 & 0 & 0 \\ 0 & 0 & 1 & 0 \\ 0 & 0 & 0 & 1 \end{pmatrix}$$

und der Vektor $x = \begin{pmatrix} 1 \\ 2 \\ 4 \\ 5 \end{pmatrix}$.

Dann erhalten wir:

$$A \cdot B = \begin{pmatrix} 4 & 4 \\ 3 & 2 \\ 2 & 1 \end{pmatrix}_{3\times 2}$$

$$(A \cdot B) \cdot C = \begin{pmatrix} 4 & 8 & 32 \\ 3 & 4 & 21 \\ 2 & 2 & 13 \end{pmatrix}_{3\times 3}$$

3 Matrizen

$$A \cdot x = \begin{pmatrix} 17 \\ 15 \\ 9 \end{pmatrix}_{3 \times 1}$$

$$AB + C^t = \begin{pmatrix} 4 & 4 \\ 3 & 2 \\ 2 & 1 \end{pmatrix} + \begin{pmatrix} 1 & 0 \\ 0 & 2 \\ 5 & 3 \end{pmatrix} = \begin{pmatrix} 5 & 4 \\ 3 & 4 \\ 7 & 4 \end{pmatrix}$$

$$C \cdot A = \begin{pmatrix} 1 & 2 & 8 & 5 \\ 0 & 2 & 7 & 5 \end{pmatrix}_{2 \times 4}$$

$$B \cdot C = \begin{pmatrix} 1 & 4 & 11 \\ 0 & 2 & 3 \\ 1 & 0 & 5 \\ 1 & 2 & 8 \end{pmatrix}_{4 \times 3}$$

$$A \cdot (B \cdot C) = \begin{pmatrix} 4 & 8 & 32 \\ 3 & 4 & 21 \\ 2 & 2 & 13 \end{pmatrix}_{3 \times 3}$$

$$A \cdot E = A$$

Die Multiplikation einer Matrix mit der Einheitsmatrix liefert als Ergebnis die ursprüngliche Matrix. Deshalb entspricht die Matrizenmultiplikation mit einer Einheitsmatrix der Multiplikation eines Skalars mit der Zahl Eins. Daher rührt die Bezeichnungsweise „Einheitsmatrix".

Beispiel 3.35
An vier Standorten W_1, W_2, W_3, W_4 produziert ein Unternehmen ein bestimmtes Produkt, das an drei Lager L_1, L_2, L_3 weiter transportiert wird. Pro Tag entfallen auf die einzelnen Lager folgende Mengen (in Tonnen):

	L_1	L_2	L_3
W_1	20	15	20
W_2	10	10	40
W_3	50	20	10
W_4	30	30	20

Für die von W_i an L_j gelieferte Menge erhalten wir somit die

$$\text{Matrix } T = \begin{pmatrix} 20 & 15 & 20 \\ 10 & 10 & 40 \\ 50 & 20 & 10 \\ 30 & 30 & 20 \end{pmatrix}$$

Die täglichen Produktionskosten in den einzelnen Werken betragen pro Tonne 300 GE in W_1, 400 GE in W_2, 200 GE in W_3 und 250 GE in W_4. Den entsprechenden Kostenvektor bezeichnen wir mit c:

$$c = \begin{pmatrix} 300 \\ 400 \\ 200 \\ 250 \end{pmatrix}$$

■ Das Produkt $(1,1,1,1) \cdot T = (110, 75, 90)$ gibt die Lieferung an Lager 1 bzw. an Lager 2 bzw. an Lager 3 an.

■ Das Produkt $T \cdot (1,1,1)^t = \begin{pmatrix} 55 \\ 60 \\ 80 \\ 80 \end{pmatrix}$ gibt die Produktionsmengen in den jeweiligen Werken W_1, W_2, W_3, W_4 an.

■ Das Produkt $(1,1,1,1) \cdot T \cdot (1,1,1)^t = 275$ gibt die tägliche Gesamtliefermenge der vier Werke an die drei Lager an.

■ Das Produkt $c^t \cdot T = (27\,500, 20\,000, 29\,000)$ gibt die Produktionskosten für die Lieferung an Lager 1 bzw. Lager 2 bzw. Lager 3 an.

Beispiel 3.36
Gegeben sind die Matrizen:

$$A = \begin{bmatrix} 2 & 0 & 4 \\ 0 & 3 & 0 \\ 1 & 0 & 1 \end{bmatrix} \text{ und } B = \begin{bmatrix} 1 & 1 & 1 \\ 2 & 0 & 1 \\ 0 & 1 & 2 \end{bmatrix}$$

Gesucht sind: $A \cdot B =?$ und $B \cdot A =?$

Lösung:

$$A \cdot B = \begin{bmatrix} 2 & 6 & 10 \\ 6 & 0 & 3 \\ 1 & 2 & 3 \end{bmatrix} \text{ und } B \cdot A = \begin{bmatrix} 3 & 3 & 5 \\ 5 & 0 & 9 \\ 2 & 3 & 2 \end{bmatrix}$$

In dem Beispiel 3.36 haben wir gesehen, dass bei der Multiplikation von Matrizen die Reihenfolge der Matrizen bedeutend ist, während bei der Multiplikation von Skalaren die Reihenfolge der Faktoren keine Rolle spielt, da z.B. $5 \cdot 3$ dasselbe ergibt wie $3 \cdot 5$. Deshalb wird es erforderlich, dass wir die Rechenvorschriften für Matrizen kennen lernen.

3 Matrizen

3.5   Rechenregeln für Matrizen

Für das Rechnen mit Matrizen gelten bestimmte Rechenregeln, die wir uns jetzt veranschaulichen wollen.

Beispiel 3.37
Gegeben seien die Matrizen:

$$A = \begin{pmatrix} 1 & 2 \\ 3 & 4 \end{pmatrix}, B = \begin{pmatrix} 1 & 0 \\ 2 & 0 \end{pmatrix}, C = \begin{pmatrix} 1 & 0 & 1 \\ 0 & 1 & 0 \end{pmatrix}, D = \begin{pmatrix} -2 & 3 \\ 1 & 5 \end{pmatrix}$$

■ **Assoziativgesetz der Addition**

$$A + B = \begin{pmatrix} 2 & 2 \\ 5 & 4 \end{pmatrix} \text{ und somit } (A + B) + D = \begin{pmatrix} 0 & 5 \\ 6 & 9 \end{pmatrix}$$

$$B + D = \begin{pmatrix} -1 & 3 \\ 3 & 5 \end{pmatrix} \text{ und somit } A + (B + D) = \begin{pmatrix} 0 & 5 \\ 6 & 9 \end{pmatrix}$$

d.h. $(A + B) + D = A + (B + D)$

■ **Kommutativgesetz der Addition**

$$A + B = \begin{pmatrix} 2 & 2 \\ 5 & 4 \end{pmatrix} \text{ und } B + A = \begin{pmatrix} 2 & 2 \\ 5 & 4 \end{pmatrix}$$

d.h. $A + B = B + A$

■ Das Kommutativgesetz der Multiplikation gilt im Allgemeinen <u>nicht</u> für Matrizen.

$$A \cdot B = \begin{pmatrix} 5 & 0 \\ 11 & 0 \end{pmatrix}, \text{ aber } B \cdot A = \begin{pmatrix} 1 & 2 \\ 2 & 4 \end{pmatrix}$$

d.h. $A \cdot B \neq B \cdot A$

■ **Distributivgesetz**

$$A(B + D) = \begin{pmatrix} 1 & 2 \\ 3 & 4 \end{pmatrix} \cdot \begin{pmatrix} -1 & 3 \\ 3 & 5 \end{pmatrix} = \begin{pmatrix} 5 & 13 \\ 9 & 29 \end{pmatrix}$$

$$AB + AD = \begin{pmatrix} 5 & 0 \\ 11 & 0 \end{pmatrix} + \begin{pmatrix} 0 & 13 \\ -2 & 29 \end{pmatrix} = \begin{pmatrix} 5 & 13 \\ 9 & 29 \end{pmatrix}$$

d.h. $A(B + D) = AB + AD$

Ebenfalls zusammenfassen lässt sich die Berechnung von $BA + DA$, indem wir die Matrix A wie folgt ausklammern: $BA + DA = (B + D)A$. So müssen wir statt zwei Matrizenmultiplikationen jetzt nur noch eine Matrizenmultiplikation durchführen.
Nicht zusammenfassen lässt sich zum Beispiel der folgende

Ausdruck: $AB + DA$. Denn die Matrix B wird von links mit A multipliziert, während die Matrix D von rechts mit A multipliziert wird.

■ **Assoziativgesetz der Multiplikation**

$$A \cdot B = \begin{pmatrix} 5 & 0 \\ 11 & 0 \end{pmatrix} \text{ und somit } (A \cdot B) \cdot C = \begin{pmatrix} 5 & 0 & 5 \\ 11 & 0 & 11 \end{pmatrix}$$

$$B \cdot C = \begin{pmatrix} 1 & 0 & 1 \\ 2 & 0 & 2 \end{pmatrix} \text{ und somit } A \cdot (B \cdot C) = \begin{pmatrix} 5 & 0 & 5 \\ 11 & 0 & 11 \end{pmatrix}$$

d.h. $(A \cdot B) \cdot C = A \cdot (B \cdot C)$

■ **Multiplikation mit einer Einheitsmatrix**

Multiplizieren wir A mit der Einheitsmatrix $E = \begin{pmatrix} 1 & 0 \\ 0 & 1 \end{pmatrix}$, so erhalten wir wieder die Matrix A:

$A \cdot E = A$ und $E \cdot A = A$

■ **Zweimaliges Transponieren**
Transponieren wir A zweimal hintereinander, so erhalten wir wieder die Matrix A:

$$(A^t)^t = \begin{pmatrix} 1 & 3 \\ 2 & 4 \end{pmatrix}^t = \begin{pmatrix} 1 & 2 \\ 3 & 4 \end{pmatrix}$$

■ **Transponierte eines Produkts**
Suchen wir die Transponierte des Produkts $A \cdot B$, so gilt:

$$(A \cdot B)^t = \begin{pmatrix} 5 & 11 \\ 0 & 0 \end{pmatrix}.$$

Dieses Ergebnis erhalten wir auch, wenn wir wie folgt vorgehen:

$$B^t \cdot A^t = \begin{pmatrix} 1 & 2 \\ 0 & 0 \end{pmatrix} \cdot \begin{pmatrix} 1 & 3 \\ 2 & 4 \end{pmatrix} = \begin{pmatrix} 5 & 11 \\ 0 & 0 \end{pmatrix}$$

Die Reihenfolge der Rechenarten für Matrizen ist wie folgt:

Priorität	Rechenart
1	Transponieren
2	Multiplikation
3	Addition

Beispiel 3.38

Gegeben sind die Matrizen:

$$A = \begin{bmatrix} 1 & 0 \\ 0 & -1 \end{bmatrix} \text{ und } B = \begin{bmatrix} 1 & 2 \\ 3 & 4 \end{bmatrix} \text{ und } C = \begin{bmatrix} 1 & 4 \\ 6 & 9 \end{bmatrix}$$

Gesucht ist: $2AB - AC = ?$

Lösung:

$$2AB - AC = A(2B - C) = \begin{bmatrix} 1 & 0 \\ 0 & 1 \end{bmatrix}$$

Zusammengefasst haben wir somit folgende Rechenregeln für Matrizen:

	stets		im Allgemeinen
$(A + B) + D$	$=$	$A + (B + D)$	$A \cdot B \neq B \cdot A$
$A + B$	$=$	$B + A$	
$A(B + D)$	$=$	$AB + AD$	
$(A \cdot B) \cdot C$	$=$	$A \cdot (B \cdot C)$	
$A \cdot E$	$=$	A	
$E \cdot A$	$=$	A	
$\left(A^t\right)^t$	$=$	A	
$(A \cdot B)^t$	$=$	$B^t \cdot A^t$	

3.6   Produktionsmatrizen

Häufig werden Erzeugnisse über mehrere Produktionsstufen hergestellt, d.h. aus dem Rohmaterial werden zunächst Teile (sogenannte Zwischenprodukte) gefertigt. Die Zwischenprodukte werden zu Baugruppen zusammen gesetzt und anschließend wird daraus in der Endmontage das Enderzeugnis (Endprodukte) hergestellt. Dieser Vorgang wird bildlich durch eine Materialfluss-Grafik (Gozintograf; aus dem Englischen abgeleitet: *the part that goes into*) dargestellt. In diesem Grafen werden Produkte als Knoten und die zwischen ihnen bestehenden Materialverflechtungen durch Pfeile beschrieben. Die Zahlen an den Pfeilen geben an, wie viele Mengeneinheiten (ME) eines Zwischenprodukts zur Fertigung einer Mengeneinheit des direkt übergeordneten Produkts benötigt werden. Diese Zahlen werden als **Stücklisten-** oder **Inputkoeffizienten** bezeichnet.

Beispiel 3.39

In einem zweistufigen Produktionsprozess werden aus dem Rohmaterial R_1, R_2, R_3 zunächst die Zwischenprodukte Z_1, Z_2 hergestellt. Anschließend werden aus den Zwischenprodukten die Endprodukte E_1, E_2 gefertigt.

Der Materialbedarf von Knoten zu Knoten für jeweils eine Mengeneinheit ist in der folgenden Materialflussgrafik abzulesen:

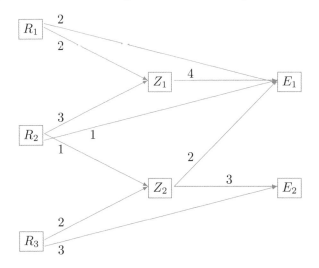

Aus den Inputkoeffizienten lässt sich der Direktbedarf in Form einer Matrix, der so genannten **Produktionsmatrix** oder **Direktbedarfsmatrix**, darstellen.

Direktbedarf von R_i für eine Mengeneinheit von Z_j:

	Z_1	Z_2
R_1	2	0
R_2	3	1
R_3	0	2

bzw. $A = \begin{bmatrix} 2 & 0 \\ 3 & 1 \\ 0 & 2 \end{bmatrix}$

Direktbedarf von Z_i für eine Mengeneinheit von E_j:

	E_1	E_2
Z_1	4	0
Z_2	2	3

bzw. $B = \begin{bmatrix} 4 & 0 \\ 2 & 3 \end{bmatrix}$

Da Pfeile von den Rohstoff-Knoten direkt zu den Endprodukt-Knoten verlaufen, gibt es auch einen Direktbedarf von R_i für eine Mengeneinheit von E_j:

	E_1	E_2
R_1	2	0
R_2	1	0
R_3	0	3

bzw. $C = \begin{bmatrix} 2 & 0 \\ 1 & 0 \\ 0 & 3 \end{bmatrix}$

Statt über den Gozintografen kann der zweistufige Produktionsprozess auch über die Direktbedarfsmatrizen A, B, C wie folgt dargestellt werden:

$$R_1, R_2, R_3 \xrightarrow{\quad} _A \; Z_1, Z_2 \xrightarrow{\quad} _B \; E_1, E_2$$

(mit Verbindung C von R_1, R_2, R_3 zu E_1, E_2)

Frage: Wie hoch ist der Rohstoffbedarf von R_1, R_2, R_3, um 100 Einheiten von E_1 und 200 Einheiten von E_2 herzustellen?

Eine gewünschte Anzahl $e = \binom{100}{200}$ von Endprodukten wird auch als **Produktionsprogramm** bezeichnet. Um den Rohstoffbedarf für das Produktionsprogramm zu berechnen, ermitteln wir zunächst den Gesamtbedarf an Rohmaterial zur Herstellung von jeweils einer Mengeneinheit des Endprodukts E_1 bzw. E_2. Stellen wir diesen Gesamtbedarf als Matrix dar, so wird diese Matrix als **Gesamtbedarfsmatrix** M bezeichnet:

$M = A \cdot B + C$

$$M = \begin{bmatrix} 2 & 0 \\ 3 & 1 \\ 0 & 2 \end{bmatrix} \cdot \begin{bmatrix} 4 & 0 \\ 2 & 3 \end{bmatrix} + \begin{bmatrix} 2 & 0 \\ 1 & 0 \\ 0 & 3 \end{bmatrix} = \begin{bmatrix} 8 & 0 \\ 14 & 3 \\ 4 & 6 \end{bmatrix} + \begin{bmatrix} 2 & 0 \\ 1 & 0 \\ 0 & 3 \end{bmatrix} = \begin{bmatrix} 10 & 0 \\ 15 & 3 \\ 4 & 9 \end{bmatrix}$$

Die Gesamtbedarfsmatrix M lässt sich auch ohne Matrizenmultiplikation aus dem Gozintografen herleiten, indem im Gozintografen alle Wege, die von einem Rohmaterialknoten zu einem Endmaterialknoten führen, abgefahren werden. Dabei werden die Stücklistenkoeffizienten ein und desselben Pfades miteinander multipliziert und das Produkt der Stücklistenkoeffizienten weiterer Pfade addiert:

Bedarf von R_1 für ein Stück E_1: $2 + 2 \cdot 4 = 10$
Bedarf von R_1 für ein Stück E_2: 0

Bedarf von R_2 für ein Stück E_1: $3 \cdot 4 + 1 + 1 \cdot 2 = 15$
Bedarf von R_2 für ein Stück E_2: $1 \cdot 3 = 3$

Bedarf von R_3 für ein Stück E_1: $2 \cdot 2 = 4$
Bedarf von R_3 für ein Stück E_2: $2 \cdot 3 + 3 = 9$

In Tabellenform beträgt der Gesamtbedarf an Rohstoffen für jeweils eine Mengeneinheit der Endprodukte:

	E_1	E_2
R_1	10	0
R_2	15	3
R_3	4	9

⚠ Sowohl die Direktbedarfsmatrix C als auch die Gesamtbedarfsmatrix M haben als Zeilenbeschriftung die Rohmaterialien und als Spaltenbeschriftung die Endprodukte. Der Unterschied zwischen C und M liegt jedoch darin, dass C den Bedarf direkt vom Knoten R_i zum Knoten E_j angibt (quasi Nonstop), während M den Bedarf vom Knoten R_i mit Halt bei den Knoten Z_1 und Z_2 bis zum Konten E_j angibt.

Um den Bedarf an Rohstoffen für 100 ME von E_1 zu erhalten, müssen wir jetzt nur noch die erste Spalte der Gesamtbedarfsmatrix M mit 100 multiplizieren:

$$
\begin{array}{c}
100 \cdot \longrightarrow \\
100 \cdot \longrightarrow \\
100 \cdot \longrightarrow
\end{array}
\begin{bmatrix} 10 & \bullet \\ 15 & \bullet \\ 4 & \bullet \end{bmatrix}
=
\begin{bmatrix} 1\,000 & \bullet \\ 1\,500 & \bullet \\ 400 & \bullet \end{bmatrix}
$$

Um den Bedarf an Rohstoffen für 200 ME von E_2 zu ermitteln, multiplizieren wir die zweite Spalte der Gesamtbedarfsmatrix M mit 200:

$$
\begin{bmatrix} \bullet & 0 \\ \bullet & 3 \\ \bullet & 9 \end{bmatrix}
\begin{array}{c}
\longleftarrow \cdot 200 \\
\longleftarrow \cdot 200 \\
\longleftarrow \cdot 200
\end{array}
=
\begin{bmatrix} \bullet & 0 \\ \bullet & 600 \\ \bullet & 1\,800 \end{bmatrix}
$$

Also insgesamt:

$R_1 : 1\,000$ ME
$R_2 : 1\,500 + 600 = 2\,100$ ME
$R_3 : 400 + 1\,800 = 2\,200$ ME

Auch dieses Ergebnis erhalten wir durch Matrizenmultiplikation wie folgt:

$$
\begin{bmatrix} 10 & 0 \\ 15 & 3 \\ 4 & 9 \end{bmatrix}
\cdot
\begin{bmatrix} 100 \\ 200 \end{bmatrix}
=
\begin{bmatrix} 1\,000 \\ 2\,100 \\ 2\,200 \end{bmatrix}
$$

d.h. es sind $1\,000$ ME von R_1 sowie $2\,100$ ME von R_2 sowie $2\,200$ ME von R_3 erforderlich, um 100 ME von E_1 und 200 ME von E_2 herzustellen.

Satz 3.40

Sei M der Gesamtbedarf (in ME) an Rohmaterial für die Herstellung jeweils einer ME der Endprodukte. Und bezeichnen wir mit $e = \begin{pmatrix} e_1 \\ e_2 \end{pmatrix}$ die ME der Endprodukte E_1, E_2 und

mit $r = \begin{pmatrix} r_1 \\ r_2 \\ r_3 \end{pmatrix}$ die ME der Rohstoffe R_1, R_2, R_3, so erhalten wir allgemein folgende Beziehung: $M \cdot e = r$

Beispiel 3.41 (Fortsetzung von Beispiel 3.39)

Es sollen zusätzlich zu den 100 ME von E_1 und 200 ME von E_2 noch 150 ME von Z_1 und 50 ME von Z_2 als Ersatzteile hergestellt werden. Wie viele ME an Rohmaterial werden dafür benötigt? Das Ergebnis erhalten wir, indem wir die erste Spalte von A mit 150 multiplizieren:

$$\begin{matrix} 150 \cdot \longrightarrow \\ 150 \cdot \longrightarrow \\ 150 \cdot \longrightarrow \end{matrix} \begin{bmatrix} 2 & \bullet \\ 3 & \bullet \\ 0 & \bullet \end{bmatrix} = \begin{bmatrix} 300 & \bullet \\ 450 & \bullet \\ 0 & \bullet \end{bmatrix}$$

und die zweite Spalte von A mit 50 multiplizieren:

$$\begin{bmatrix} \bullet & 0 \\ \bullet & 1 \\ \bullet & 2 \end{bmatrix} \begin{matrix} \longleftarrow \cdot 50 \\ \longleftarrow \cdot 50 \\ \longleftarrow \cdot 50 \end{matrix} = \begin{bmatrix} \bullet & 0 \\ \bullet & 50 \\ \bullet & 100 \end{bmatrix}$$

Also insgesamt:

$R_1 : 300$ ME
$R_2 : 450 + 50 = 500$ ME
$R_3 : 100$ ME

Auch dieses Ergebnis erhalten wir durch Matrizenmultiplikation wie folgt:

$$r = A \cdot z = \begin{bmatrix} 2 & 0 \\ 3 & 1 \\ 0 & 2 \end{bmatrix} \cdot \begin{bmatrix} 150 \\ 50 \end{bmatrix} = \begin{bmatrix} 300 \\ 500 \\ 100 \end{bmatrix}$$

d.h. es werden $1\,300$ ME von R_1, $2\,600$ ME von R_2 und $2\,300$ ME von R_3 benötigt.

Liegt eine Materialflussgrafik vor und ist nach dem Gesamtbedarf gefragt, so lässt sich die Lösung am schnellsten bestimmen, indem die Pfade der Materialflussgrafik abgefahren werden. Etwas länger dauert der Lösungsweg über die Matrizenmultiplikation.

Beispiel 3.42 (Fortsetzung von Beispiel 3.39)
Wir betrachten jetzt folgende Änderung in dem Materialfluss: Für ein Stück Z_1 werden zusätzlich 2 Stück Z_2 benötigt.

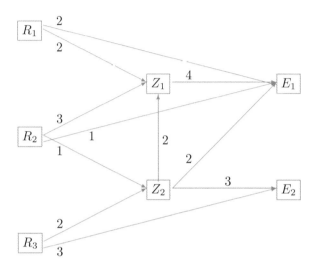

Wie sieht dann die Gesamtbedarfsmatrix aus?

1. Lösungsweg:

Fahren wir die Pfade der Materialflussgrafik ab, so stellen wir fest, dass sich nur der Bedarf an R_2, R_3 für ein Stück E_1 ändert:

Geänderter Gesamtbedarf M_{neu} an R_1, R_2, R_3 für jeweils eine ME von E_1, E_2:

	E_1	E_2
R_1	10	0
R_2	23	3
R_3	20	9

2. Lösungsweg:

Dieser veränderte Gesamtbedarf M_{neu} lässt sich auch aus den veränderten Direktbedarfs-Matrizen bestimmen:

Der alte Direktbedarf von R_i für eine Mengeneinheit von Z_j lautete:

	Z_1	Z_2
R_1	2	0
R_2	3	1
R_3	0	2

bzw. $A_{\text{alt}} = \begin{bmatrix} 2 & 0 \\ 3 & 1 \\ 0 & 2 \end{bmatrix}$

Durch die Veränderung benötigen wir für jede ME von Z_1 noch 2 ME von Z_2:

$$\begin{bmatrix} 2 \\ 3 \\ 0 \end{bmatrix} + 2 \cdot \begin{bmatrix} 0 \\ 1 \\ 2 \end{bmatrix} = \begin{bmatrix} 2 \\ 5 \\ 4 \end{bmatrix}$$

Somit lautet der neue Direktbedarf A_{neu} von R_i für eine Mengeneinheit von Z_j:

	Z_1	Z_2
R_1	2	0
R_2	5	1
R_3	4	2

bzw. $A_{\text{neu}} = \begin{bmatrix} 2 & 0 \\ 5 & 1 \\ 4 & 2 \end{bmatrix}$

Die übrigen beiden Direktbedarfsmatrizen B und C bleiben unverändert. Den neuen Gesamtbedarf erhalten wir wie folgt:

$$M_{\text{neu}} = A_{\text{neu}} \cdot B + C = \begin{bmatrix} 10 & 0 \\ 23 & 3 \\ 20 & 9 \end{bmatrix}$$

3.7   Zusammenfassung

Prüfungstipp

Klausurthemen aus diesem Kapitel sind

■ das Rechnen mit Matrizen, insb. die Anwendung des Distributivgesetzes,

■ in einem zweistufigen Produktionsprozess aus den Direktbedarfsmatrizen den Gesamtbedarf an Rohmaterial für jeweils eine ME der Endprodukte zu berechnen sowie

■ in einem Produktionsprozess für ein vorgegebenes Produktionsprogramm den Rohmaterialbedarf zu berechnen.

4 Lineare Gleichungen

Häufig kann eine ökonomische Fragestellung durch Gleichungen ausgedrückt werden. Deshalb ist es wünschenswert, ein allgemeines Verfahren zum Lösen von Gleichungen zur Hand zu haben.

Zu Produktionsmatrizen gibt es zwei typische Fragestellungen:

■ Wie hoch ist der Rohstoffbedarf insgesamt für die Herstellung einer gewünschten Anzahl von Endprodukten?

Zur Lösung berechnen wir das Produkt $M \cdot e$

■ Wie viele Mengeneinheiten der Endprodukte lassen sich aus einer bestimmten Vorratsmenge an Rohstoffen herstellen?

Die Lösung werden wir mit dem sogenannten Gaußalgorithmus berechnen.

4.1 Lineare Gleichungssysteme

Woraus, d.h. aus welcher Fragestellung können sich Gleichungen ergeben? Wir betrachten eine typische Fragestellung:

Beispiel 4.1
Bei einem zweistufigen Produktionsprozess werden aus den $m = 2$ Rohmaterialien R_1, R_2 zunächst die Zwischenprodukte Z_1, Z_2, Z_3 hergestellt. In der zweiten Produktionsstufe werden aus den Zwischenprodukten die $n = 3$ Endprodukte E_1, E_2, E_3 gefertigt; d.h.:

$$R_1, R_2 \to Z_1, Z_2, Z_3 \to E_1, E_2, E_3$$

Der Direktbedarf an Rohmaterial für jeweils eine Einheit der Zwischenprodukte gibt die Matrix A an:

	Z_1	Z_2	Z_3
R_1	2	3	2
R_2	1	3	1

d.h. $A = \begin{bmatrix} 2 & 3 & 2 \\ 1 & 3 & 1 \end{bmatrix}$

Der Direktbedarf an Zwischenprodukten für jeweils eine Einheit der Endprodukte ist in der Matrix B festgehalten:

	E_1	E_2	E_3
Z_1	2	2	1
Z_2	0	2	1
Z_3	1	1	0

d.h. $B = \begin{bmatrix} 2 & 2 & 1 \\ 0 & 2 & 1 \\ 1 & 1 & 0 \end{bmatrix}$

Der Direktbedarf Rohmaterial für jeweils eine Einheit der Endprodukte gibt die Matrix C wieder:

	E_1	E_2	E_3
R_1	0	0	19
R_2	0	2	2

d.h. $C = \begin{bmatrix} 0 & 0 & 19 \\ 0 & 2 & 2 \end{bmatrix}$

Somit erhalten wir als Gesamtbedarfsmatrix M eine $(2,3)$-Matrix:

$$M = A \cdot B + C = \begin{bmatrix} 6 & 12 & 24 \\ 3 & 11 & 6 \end{bmatrix}$$

An Rohmaterialien stehen ein Vorrat von $r_1 = 10\,200$ ME von R_1 und $r_2 = 4\,300$ ME von R_2 zur Verfügung.
Frage: Wie viele Stückzahlen e_1, e_2, e_3 der Endprodukte lassen sich aus dem Vorrat herstellen?

Wir suchen folglich die Lösung e_1, e_2, e_3 der Gleichung:

$$M \cdot \begin{pmatrix} e_1 \\ e_2 \\ e_3 \end{pmatrix} = \begin{pmatrix} 10\,200 \\ 4\,300 \end{pmatrix}$$

Berechnen wir das Produkt $M \cdot e$, so haben wir:

$$\begin{bmatrix} 6e_1 + 12e_2 + 24e_3 \\ 3e_1 + 11e_2 + 6e_3 \end{bmatrix} = \begin{pmatrix} 10\,200 \\ 4\,300 \end{pmatrix}$$

Setzen wir die Zeilen der beiden Matrizen gleich, so erhalten wir zwei Gleichungen:

I $6e_1 + 12e_2 + 24e_3 = 10\,200$
II $3e_1 + 11e_2 + 6e_3 = 4\,300$

Bevor wir sehen, wie wir die beiden Gleichungen aus Beispiel 4.1 lösen, wollen wir bezüglich der Notation einige Vereinbarungen treffen.

Definition 4.2
Ein **lineares Gleichungssystem** (mit m Gleichungen und n Unbekannten) ist durch lineare Gleichungen gegeben:

$$a_{11}x_1 + a_{12}x_2 + \ldots + a_{1n}x_n = b_1$$
$$a_{21}x_1 + a_{22}x_2 + \ldots + a_{2n}x_n = b_2$$
$$\vdots$$
$$a_{m1}x_1 + a_{m2}x_2 + \ldots + a_{mn}x_n = b_m$$

In **Matrixform** lautet das Gleichungssystem: $A \cdot x = b$

wobei $x = \begin{pmatrix} x_1 \\ x_2 \\ \vdots \\ x_n \end{pmatrix}$, $b = \begin{pmatrix} b_1 \\ b_2 \\ \vdots \\ b_m \end{pmatrix}$ und $A = \begin{bmatrix} a_{11} & a_{12} & \ldots & a_{1n} \\ a_{21} & a_{22} & \ldots & a_{2n} \\ \vdots & & & \\ a_{m1} & a_{m2} & \ldots & a_{mn} \end{bmatrix}$

A heißt **Koeffizientenmatrix** des Gleichungssystems.

Beispiel 4.3
Wir betrachten das Gleichungssystem $Ax = b$ mit:

I $\quad x_1 + 2x_3 + 3x_4 = 7$
II $\quad\quad\quad 4x_2 + 5x_3 = 8$
III $\quad\quad\quad\quad\quad\quad x_4 = 9$

Dann lauten:

$$x = \begin{pmatrix} x_1 \\ x_2 \\ x_3 \\ x_4 \end{pmatrix}, \quad b = \begin{pmatrix} 7 \\ 8 \\ 9 \end{pmatrix} \quad \text{und } A = \begin{bmatrix} 1 & 0 & 2 & 3 \\ 0 & 4 & 5 & 0 \\ 0 & 0 & 0 & 1 \end{bmatrix}$$

Definition 4.4
Die **Lösungsmenge** $\mathbb{L}$ des linearen Gleichungssystems $A \cdot x = b$ ist die Menge der Vektoren $x \in \mathbb{R}^n$ mit $A \cdot x = b$.

Ein Gleichungssystem mit zwei Gleichungen und zwei Unbekannten kann gelöst werden mit dem

■ Gleichsetzungsverfahren

■ Einsetzungsverfahren

■ Additionsverfahren

Wir werden Gleichungssysteme mit dem Additionsverfahren lösen.

Beispiel 4.5

■ Wir betrachten das folgende Gleichungssystem:

$$
\begin{array}{ll}
\text{I} & x + 4y = 8 \\
\text{II} & x - y = 3 \\
\hline
\text{I} - \text{II} & 5y = 5 \Leftrightarrow y = 1 \\
\text{II} & x = 3 + y = 3 + 1 = 4
\end{array}
$$

$$\mathbb{L} = \left\{ \begin{pmatrix} x \\ y \end{pmatrix} = \begin{pmatrix} 4 \\ 1 \end{pmatrix} \right\}$$

Werden die Gleichungen als Geraden aufgefasst:

$$
\begin{array}{ll}
\text{I} & y = 2 - \frac{1}{4}x \\
\text{II} & y = x - 3
\end{array}
$$

so schneiden sich die beiden Geraden im Punkt $\begin{pmatrix} x \\ y \end{pmatrix} = \begin{pmatrix} 4 \\ 1 \end{pmatrix}$.

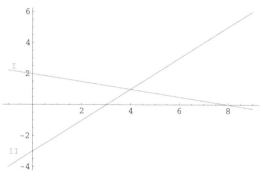

■ Wir betrachten das folgende Gleichungssystem:

$$
\begin{array}{ll}
\text{I} & 2x + 4y = 10 \Leftrightarrow x + 2y = 5 \\
\text{II} & 3x + 6y = 24 \Leftrightarrow x + 2y = 8
\end{array}
$$

Das ist ein Widerspruch ↯. Also ist die Lösungsmenge leer.
$\mathbb{L} = \emptyset$

Werden die Gleichungen als Geraden aufgefasst:

$$
\begin{array}{ll}
\text{I} & y = \frac{5}{2} - \frac{1}{2}x \\
\text{II} & y = 4 - \frac{1}{2}x
\end{array}
$$

so sind die beiden Geraden Parallelen.

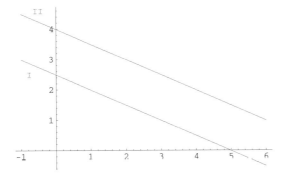

■ Wir betrachten das folgende Gleichungssystem:

I $2x + 4y = 10 \Leftrightarrow x + 2y = 5$
II $3x + 6y = 15 \Leftrightarrow x + 2y = 5$

Wird die erste Gleichung nach x aufgelöst, so erhalten wir:
$x = 5 - 2y$. Somit ist die Lösungsmenge:

$$\mathbb{L} = \{\begin{pmatrix} 5-2y \\ y \end{pmatrix}; y \in \mathbb{R}\}$$

Wird die erste Gleichung nach y aufgelöst, so erhalten wir:
$y = \frac{5}{2} - \frac{1}{2}x$. Somit ist die Lösungsmenge:

$$\mathbb{L} = \{\begin{pmatrix} x \\ \frac{5}{2} - \frac{1}{2}x \end{pmatrix}; x \in \mathbb{R}\}$$

Es ist unerheblich, ob die erste Gleichung nach x oder nach y
aufgelöst wird, die Lösungsmengen sind identisch. Spezielle
Lösungen sind zum Beispiel:

$$\begin{pmatrix} 0 \\ \frac{5}{2} \end{pmatrix}, \begin{pmatrix} 5 \\ 0 \end{pmatrix}, \begin{pmatrix} 3 \\ 1 \end{pmatrix}, \begin{pmatrix} 1 \\ 2 \end{pmatrix} \text{ usw.}$$

Insb. gibt es mehrere Lösungen.

Werden die Gleichungen als Geraden aufgefasst:

I $\quad y = \dfrac{5}{2} - \dfrac{1}{2}x$

II $\quad y = \dfrac{5}{2} - \dfrac{1}{2}x$

so sind die beiden Geraden identisch.

4 Lineare
Gleichungen

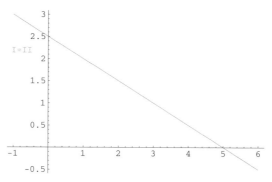

Alle Punkte auf der obigen Geraden $y = \frac{5}{2} - \frac{1}{2}x$ sind Lösungen des Gleichungssystems.

Zusammengefasst können folgende Situationen bei der Suche nach Lösungen eines Gleichungssystems auftreten:

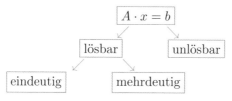

Definition 4.6
Ein Gleichungssystem $A \cdot x = b$ heißt **homogen**, wenn gilt
$b = \begin{pmatrix} 0 \\ \vdots \\ 0 \end{pmatrix}$; es heißt **inhomogen**, wenn gilt $b \neq \begin{pmatrix} 0 \\ \vdots \\ 0 \end{pmatrix}$.

Beispiel 4.7
Gegeben seien folgende Gleichungen:

I $2x_1 \quad = x_2$
II $3x_2 = 6x_1$

$\Leftrightarrow$

I $2x_1 - x_2 \ = \ 0$
II $3x_2 - 6x_1 \ = \ 0$

d.h. $Ax = b$ ist ein homogenes Gleichungssystem.

Gleichungssysteme in „Staffelform" lassen sich besonders einfach lösen:

Beispiel 4.8
Gegeben sei folgendes Gleichungssystem:

I $x_1 + 2x_2 + x_3 + 3x_4 = 30$
II $x_2 - x_3 + x_4 = 9$
III $4x_3 + x_4 = 17$
IV $3x_4 = 15$

$$\text{mit } x = \begin{pmatrix} x_1 \\ x_2 \\ x_3 \\ x_4 \end{pmatrix}, b = \begin{pmatrix} 30 \\ 9 \\ 17 \\ 15 \end{pmatrix} \text{ und } A = \begin{bmatrix} 1 & 2 & 1 & 3 \\ 0 & 1 & -1 & 1 \\ 0 & 0 & 4 & 1 \\ 0 & 0 & 0 & 3 \end{bmatrix}$$

Hier ist die Koeffizientenmatrix A eine obere Dreiecksmatrix. Die Elemente der Matrix A sind aufgestellt, wie die Läufer bei einem Staffellauf.

Definition 4.9
Als **Pivotelement** einer Matrix in Staffelform wird das erste Element ungleich Null in einer Zeile bezeichnet.

Beispiel 4.10 (Fortsetzung von Beispiel 4.8)
Pivotelemente von A sind $a_{11} = 1, a_{22} = 1, a_{33} = 4, a_{44} = 3$. Insbesondere enthält die Spalte unter jedem Pivotelement nur Nullen.

Die Lösung des Gleichungssystems lässt sich bequem rekursiv (mit der letzten Zeile beginnend) finden:

IV $3x_4 = 15 \Leftrightarrow x_4 = 5$
III $4x_3 + x_4 = 17 \Leftrightarrow 4x_3 = 17 - 5 = 12 \Leftrightarrow x_3 = 3$
II $x_2 - x_3 + x_4 = 9 \Leftrightarrow x_2 = 9 + x_3 - x_4 = 9 + 3 - 5 = 7$
I $x_1 + 2x_2 + x_3 + 3x_4 = 30$
    $\Leftrightarrow x_1 = 30 - 2x_2 - x_3 - 3x_4 = 30 - 14 - 3 - 15 = -2$

Also ist $x = \begin{pmatrix} -2 \\ 7 \\ 3 \\ 5 \end{pmatrix}$ die Lösung von $Ax = b$.

Fazit: Liegt die Koeffizientenmatrix eines Gleichungssystems in Staffelform vor, so lässt sich die Lösung beginnend mit der letzten

Zeile bestimmen. Dabei muss die Koeffizientenmatrix in Staffelform nicht zwingend eine quadratische Matrix sein:

Beispiel 4.11
Gegeben sei folgendes Gleichungssystem:

$$
\begin{array}{ll}
\text{I} & x_1 + 2x_3 + 3x_4 + 0 \cdot x_5 = 7 \\
\text{II} & x_2 + 4x_3 + 0 \cdot x_5 = 8 \\
\text{III} & 6x_4 + 0 \cdot x_5 = 9 \\
\text{IV} & 0 \cdot x_5 = 0
\end{array}
$$

$$
\text{mit } x = \begin{pmatrix} x_1 \\ x_2 \\ x_3 \\ x_4 \\ x_5 \end{pmatrix}, b = \begin{pmatrix} 7 \\ 8 \\ 9 \\ 0 \end{pmatrix} \text{ und } A = \begin{bmatrix} \boxed{1} & 0 & 2 & 3 & 0 \\ 0 & \boxed{1} & 4 & 0 & 0 \\ 0 & 0 & 0 & \boxed{6} & 0 \\ 0 & 0 & 0 & 0 & 0 \end{bmatrix}
$$

Die Matrix A liegt in Staffelform vor. Pivotelemente sind $a_{11} = 1, a_{22} = 1, a_{34} = 6$. Auch für diese Koeffizientenmatrix in Staffelform lässt sich die Lösung rekursiv (d.h. von unten begin-
nend) bestimmen. Dazu schreiben wir erst einmal A und b in
eine Matrix der Form $A \mid b$:

$$
A \mid b = \begin{bmatrix} 1 & 0 & 2 & 3 & 0 & | & 7 \\ 0 & 1 & 4 & 0 & 0 & | & 8 \\ 0 & 0 & 0 & 6 & 0 & | & 9 \\ 0 & 0 & 0 & 0 & 0 & | & 0 \end{bmatrix}
$$

⚠ Wenn b statt der Null eine 28 hätte, also $b = \begin{pmatrix} 7 \\ 8 \\ 9 \\ 28 \end{pmatrix}$, so

wäre $Ax = b$ nicht lösbar.

Satz 4.12
Gegeben sei das Gleichungssystem $Ax = b$, wobei die Matrix
A in Staffelform vorliegt. Das Gleichungssystem $Ax = b$ ist
genau dann lösbar, wenn die Matrizen A und $A \mid b$ gleich
viele, von Null verschiedene Zeilen haben.

Die Auflösung eines lösbaren Gleichungssystems $Ax = b$ in Staffelform erfolgt **rekursiv**, beginnend mit x_n. Befindet sich in der
j-ten Spalte kein Pivot, so ist x_j beliebig wählbar; anderenfalls ist
x_j durch $x_{j+1}, \ldots, x_n$ und dem b-Wert bestimmt.

Beispiel 4.13 (Fortsetzung von Beispiel 4.11)
Gemäß dem Satz 4.12 ist das Gleichungssystem aus Beispiel
4.11 lösbar. Die Pivotelemente sind:

$$
A \mid b = \begin{bmatrix} \boxed{1} & 0 & 2 & 3 & 0 & 7 \\ 0 & \boxed{1} & 4 & 0 & 0 & 8 \\ 0 & 0 & 0 & \boxed{6} & 0 & 9 \\ 0 & 0 & 0 & 0 & 0 & 0 \end{bmatrix}
$$

Kein Pivot befindet sich in den Spalten 3 und 5; d.h. x_3 und x_5
sind beliebig wählbar.

Zeile 4 enthält keine Information.

Aus Zeile 3 ergibt sich: $6x_4 = 9 \Leftrightarrow x_4 = \dfrac{9}{6} = \dfrac{3}{2}$.

Aus Zeile 2 ergibt sich: $x_2 + 4x_3 = 8 \Leftrightarrow x_2 = 8 - 4x_3$.

Aus Zeile 1 ergibt sich: $x_1 + 2x_3 + 3x_4 = 7 \Leftrightarrow x_1 + 2x_3 + 3 \cdot \dfrac{3}{2} = 7 \Leftrightarrow x_1 = \dfrac{5}{2} - 2x_3$.

Als Lösungsmenge von $Ax = b$ ergibt sich:

$$
\mathbb{L} = \left\{ \begin{pmatrix} \frac{5}{2} - 2x_3 \\ 8 - 4x_3 \\ x_3 \\ \frac{3}{2} \\ x_5 \end{pmatrix} \mid x_3, x_5 \in \mathbb{R} \right\}
$$

Wir haben gesehen, dass sich Gleichungssysteme $Ax = b$, bei denen A in Staffelform vorliegt, bequem lösen lassen. Es stellt sich die Frage, wie wir mit Gleichungssystemen verfahren, bei denen die Koeffizientenmatrix nicht in Staffelform vorliegt.

4.2 Gaußalgorithmus

Der Gaußalgorithmus überführt ein beliebiges Gleichungssystem $Ax = b$ in ein äquivalentes Gleichungssystem (d.h. ein Gleichungssystem mit identischer Lösungsmenge), dessen Koeffizientenmatrix Staffelform hat. Dies geschieht durch fortlaufende Anwendungen der folgenden drei Zeilenoperationen:

■ Vertauschen zweier Zeilen in $A \mid b$

■ Multiplikation der i-ten Zeile von $A \mid b$ mit $r \neq 0$

■ Addition des r-fachen der Zeile j zur Zeile i von $A \mid b$

Diese drei Zeilenoperationen angewandt auf $A \mid b$ verändern die Lösung von $Ax = b$ nicht.

Beispiel 4.14
Gesucht sind Werte für x_1, x_2, x_3, x_4 mit:

$$
\begin{array}{rcr}
x_3 \;\; +x_4 &=& 4 \\
x_1 \;\; +x_2 \;\; +x_3 \;\; +x_4 &=& 10 \\
x_2 \qquad\;\; -x_4 &=& -1 \\
2x_1 \qquad +3x_3 \qquad &=& 11
\end{array}
$$

Das obige Gleichungssystem lässt sich auch durch folgendes Zahlenschema darstellen:

$$
\begin{array}{rrrr|r}
0 & 0 & 1 & 1 & 4 \\
1 & 1 & 1 & 1 & 10 \\
0 & 1 & 0 & -1 & -1 \\
2 & 0 & 3 & 0 & 11
\end{array}
$$

Das Ziel des Gaußalgorithmus ist es, das Gleichungssystem durch äquivalente Umformungen in Staffelform zu bringen.

Gaußalgorithmus:
Der Gaußalgorithmus besteht aus einzelnen Tableaus.

■ Erstes Tableau: Wir tragen die Matrix $A \mid b$ ins erste Tableau (Starttableau) ein:

Tab. 1	x_1	x_2	x_3	x_4	b	Operation
①	0	0	1	1	4	
②	1	1	1	1	10	
③	0	1	0	-1	-1	
④	2	0	3	0	11	

Unter den vier Zeilen des ersten Tableaus suchen wir eine beliebige Zeile aus, bei der in der ersten Position eine Zahl ungleich Null steht. Diese Zahl heißt Pivotelement. In unserem Beispiel ist das die Zeile ② mit dem Pivotelement $\boxed{1}$. Die zweite Zeile heißt Pivotzeile.

■ Zweites Tableau: Wir tragen die Pivotzeile als erste Zeile ins zweite Tableau ein. Alle übrigen Zeilen des ersten Tableaus formen wir mit Hilfe der Pivotzeile ② so um, dass in der Spalte unter dem Pivotelement (Pivotspalte) nur Nullen stehen. Die so umgeformten Zeilen tragen wir anschließend ins zweite Tableau ein:

Tab. 2	x_1	x_2	x_3	x_4	b	Operation
⑤	1	1	1	1	10	②
⑥	0	1	0	-1	-1	③
⑦	0	0	1	1	4	①
⑧	0	-2	1	-2	-9	④−2·②

Im zweiten Tableau weisen die erste Zeile sowie die erste Spalte schon Staffelform auf; d.h. hieran darf und muss nichts mehr verändert werden:

Tab. 2	x_1	x_2	x_3	x_4	b	Operation
⑤	•	•	•	•	•	
⑥	•	1	0	-1	-1	
⑦	•	0	1	1	4	
⑧	•	-2	1	-2	-9	

In der verbleibenden restlichen Matrix aus dem zweiten Tableau suchen wir wieder eine Zeile, bei der in der ersten Position eine Zahl ungleich Null (Pivotelement) steht. In unserem Beispiel ist das die Zeile ⑥ mit dem Pivotelement 1.

■ Drittes Tableau: Wir übertragen ins dritte Tableau die schon teilweise erstellte Staffelform (erste Zeile und erste Spalte des zweiten Tableaus). Anschließend tragen wir die Zeile ⑥ (neue Pivotzeile) als zweite Zeile (Zeile ⑩) ins dritte Tableau ein. Alle übrigen Zeilen des 2. Tableaus formen wir mit Hilfe der Pivotzeile ⑥ so um, dass in der Spalte (Pivotspalte) unter dem Pivotelement nur Nullen stehen und tragen sie anschließend ins dritte Tableau ein:

Tab. 3	x_1	x_2	x_3	x_4	b	Operation
⑨	1	1	1	1	10	⑤
⑩	0	1	0	-1	-1	⑥
⑪	0	0	1	1	4	⑦
⑫	0	0	1	-4	-11	⑧+2· ⑥

(Falls in der restlichen Matrix des zweiten Tableaus nur Nullen gestanden hätten, so hätten wir diese Spalte mit Nullen ins 3. Tableau eingetragen und anschließend ein Pivotelement in der neuen restlichen Matrix des zweiten Tableaus gesucht.)

Im dritten Tableau weisen die ersten beiden Zeilen sowie die ersten beiden Spalten schon Staffelform auf; d.h. hieran darf und muss nichts mehr verändert werden:

Tab. 3	x_1	x_2	x_3	x_4	b	Operation
⑨	•	•	•	•	•	
⑩	•	•	•	•	•	
⑪	•	•	$\boxed{1}$	1	4	
⑫	•	•	1	-4	-11	

In dieser restlichen Matrix suchen wir wieder eine Zeile, bei der in der ersten Position ein Element ungleich Null steht. In unserem Beispiel ist das die Zeile ⑪ mit dem Pivotelement $\boxed{1}$.

■ Viertes Tableau: Wir übertragen ins vierte Tableau die schon teilweise erstellte Staffelform (ersten beiden Zeilen und ersten beiden Spalten des dritten Tableaus). Anschließend tragen wir die Zeile ⑪ (neue Pivotzeile) ins vierte Tableau ein. Die übrig gebliebene Zeile ⑫ des dritten Tableaus formen wir mit Hilfe der Pivotzeile ⑪ so um, dass unter dem Pivotelement eine Null steht:

Tab. 4	x_1	x_2	x_3	x_4	b	Operation
⑬	1	1	1	1	10	⑨
⑭	0	1	0	-1	-1	⑩
⑮	0	0	1	1	4	⑪
⑯	0	0	0	-5	-15	⑫−⑪

(Falls in der restlichen Matrix des dritten Tableaus nur Nullen gestanden hätten, so hätten wir diese Spalte mit Nullen ins vierte Tableau eingetragen und anschließend ein Pivotelement in der neuen restlichen Matrix des dritten Tableaus gesucht.)

Im vierten Tableau weisen die ersten drei Zeilen sowie die ersten drei Spalten schon Staffelform auf; d.h. hieran darf und muss nichts mehr verändert werden:

Tab. 4	x_1	x_2	x_3	x_4	b	Operation
⑬	•	•	•	•	•	
⑭	•	•	•	•	•	
⑮	•	•	•	•	•	
⑯	•	•	•	$\boxed{-5}$	-15	

Steht in der letzten Zeile der restlichen Matrix dann eine Zahl ungleich Null, so ist diese Zahl ein Pivotelement. In unserem Beispiel ist die Zahl $\boxed{-5}$ ein Pivotelement. Jedoch muss kein weiteres Tableau gerechnet werden, weil unter dem Pivotelement $\boxed{-5}$ keine weiteren Zeilen stehen; d.h. wir haben die Koeffizientenmatrix in Staffelform überführt, der Gaußalgorithmus ist beendet.

■ Ende: Der Algorithmus ist beendet, wenn eine Staffelform (obere Dreiecksmatrix) der ursprünglichen Koeffizientenmatrix erreicht wurde.

Zusammengefasst sieht der Gaußalgorithmus für das Beispiel wie folgt aus:

Zeile	x_1	x_2	x_3	x_4	b	Operation
①	0	0	1	1	4	
②	[1]	1	1	1	10	
③	0	1	0	-1	-1	
④	2	0	3	0	11	
⑤	1	1	1	1	10	②
⑥	0	[1]	0	-1	-1	③
⑦	0	0	1	1	4	①
⑧	0	-2	1	-2	-9	④$-2\cdot$②
⑨	1	1	1	1	10	⑤
⑩	0	1	0	-1	-1	⑥
⑪	0	0	[1]	1	4	⑦
⑫	0	0	1	-4	-11	⑧$+2\cdot$⑥
⑬	1	1	1	1	10	⑨
⑭	0	1	0	-1	-1	⑩
⑮	0	0	1	1	4	⑪
⑯	0	0	0	-5	-15	⑫$-$⑪

Im Endtableau haben x_1, x_2, x_3, x_4 jeweils ein Pivotelement. Zur Bestimmung der Lösung, lösen wir jede Zeile nach ihrem Pivotelement auf:

Zeile ⑯ $-5x_4 = -15 \Leftrightarrow x_4 = 3$

Zeile ⑮ $x_3 + x_4 = 4 \Rightarrow x_3 + 3 = 4 \Leftrightarrow x_3 = 1$

Zeile ⑭ $x_2 - x_4 = -1 \Rightarrow x_2 - 3 = -1 \Leftrightarrow x_2 = 2$

Zeile ⑬ $x_1 + x_2 + x_3 + x_4 = 10 \Rightarrow x_1 + 2 + 1 + 3 = 10 \Leftrightarrow x_1 = 4$

Somit beträgt die Lösungsmenge:

$$\mathbb{L} = \left\{ \begin{pmatrix} x_1 \\ x_2 \\ x_3 \\ x_4 \end{pmatrix} = \begin{pmatrix} 4 \\ 2 \\ 1 \\ 3 \end{pmatrix} \right\}$$

Lösbare Gleichungssysteme $Ax = b$ haben immer dann eine mehrdeutige Lösung, wenn im Endtableau des Gaußalgorithmus zumindest ein x_j kein Pivot hat.

4 Lineare Gleichungen

Beispiel 4.15

Gegeben sei folgendes Gleichungssystem:

$$
\begin{array}{lrcl}
\text{I} & 4x_2 + 5x_3 + 4x_5 &=& 8 \\
\text{II} & x_1 + 2x_3 + 3x_4 + x_5 &=& 7 \\
\text{III} & x_1 + 4x_2 + 7x_3 + 9x_4 + 5x_5 &=& 24 \\
\text{IV} & 2x_1 + 4x_3 + 6x_4 + 2x_5 &=& 14
\end{array}
$$

Wir lösen das Gleichungssystem mit Hilfe des Gaußalgorithmus wie folgt:

Zeile	x_1	x_2	x_3	x_4	x_5	b	Operation
①	0	4	5	0	4	8	
②	$\boxed{1}$	0	2	3	1	7	
③	1	4	7	9	5	24	
④	2	0	4	6	2	14	
⑤	1	0	2	3	1	7	②
⑥	0	$\boxed{4}$	5	0	4	8	①
⑦	0	4	5	6	4	17	③ $-$ ②
⑧	0	0	0	0	0	0	④ $-2\cdot$ ②
⑨	1	0	2	3	1	7	⑤
⑩	0	4	5	0	4	8	⑥
⑪	0	0	0	6	0	9	⑦ $-$ ⑥
⑫	0	0	0	0	0	0	⑧

Jetzt liegt eine Staffelform (vgl. Beispiel 4.13) vor. Kein Pivot haben x_3 und x_5; sie können deshalb beliebig gewählt werden.

Zeile ⑫   keine Information

Zeile ⑪ $6x_4 = 9 \Leftrightarrow x_4 = 3/2$

Zeile ⑩ $4x_2 + 5x_3 + 4x_5 = 8 \Leftrightarrow x_2 = 2 - \frac{5}{4}x_3 - x_5$

Zeile ⑨ $x_1 + 2x_3 + 3x_4 + x_5 = 7$
$\Leftrightarrow x_1 = 7 - 2x_3 - 3x_4 - x_5 = 7 - 2x_3 - 3 \cdot \frac{3}{2} - x_5 = \frac{5}{2} - 2x_3 - x_5$

$$
\text{Lösungsmenge } \mathbb{L} = \left\{ \begin{pmatrix} \frac{5}{2} - 2x_3 - x_5 \\ 2 - \frac{5}{4}x_3 - x_5 \\ x_3 \\ \frac{3}{2} \\ x_5 \end{pmatrix} \mid x_3, x_5 \in \mathbb{R} \right\}
$$

Definition 4.16
Wurde zur Lösung des linearen Gleichungssystems $Ax = b$ mit Hilfe des Gaußalgorithmus die Matrix $A \mid b$ in eine Staffelform überführt, so werden diejenigen Variablen, die ein Pivot haben, als **Basisvariablen** und die restlichen Variablen als **Nichtbasisvariablen** bezeichnet. Werden alle Nichtbasisvariablen gleich Null gesetzt, so ergeben sich für die Basisvariablen die entsprechenden Werte der b-Spalte; die so erhaltene spezielle Lösung heißt **vollständige Basislösung**.

Beispiel 4.17 (Fortsetzung von Beispiel 4.15)
Im Endtableau sind die Basisvariablen x_1, x_2, x_4 und die Nichtbasisvariablen sind x_3, x_5. Basislösung ist:

$$x = \begin{pmatrix} \frac{5}{2} \\ 2 \\ 0 \\ \frac{3}{2} \\ 0 \end{pmatrix}$$

Probe:
$$\text{I} \qquad\qquad 4 \cdot 2 + 5 \cdot 0 + 4 \cdot 0 = 8$$
$$\text{II} \qquad\qquad \tfrac{5}{2} + 2 \cdot 0 + 3 \cdot \tfrac{3}{2} + 0 = 7$$
$$\text{III} \quad \tfrac{5}{2} + 4 \cdot 2 + 7 \cdot 0 + 9 \cdot \tfrac{3}{2} + 5 \cdot 0 = 24$$
$$\text{III} \qquad 2 \cdot \tfrac{5}{2} + 4 \cdot 0 + 6 \cdot \tfrac{3}{2} + 2 \cdot 0 = 14$$

⚠ Zur Vermeidung von unerlaubten Rechenoperationen (nicht äquivalenten Umformungen) ist es beim Gaußalgorithmus ratsam, lediglich die Zeile mit dem Pivotelement zum Umformen zu benutzen.

Beispiel 4.18
Um einen häufigen Fehler in Klausuren zu vermeiden, betrachten wir das folgende Tableau:

Zeile	x_1	x_2	x_3	b	Operation
①	1	7	8	39	
②	0	11	25	97	
③	0	7	13	53	

In diesem Tableau ist die zweite Zeile die Pivotzeile. Um in der dritten Zeile unter dem Pivotelement eine Null zu erhalten, darf nicht „dritte Zeile minus erste Zeile" gerechnet werden, sondern es muss wie folgt gerechnet werden:

$$11 \cdot ③ - 7 \cdot ②$$

Die Umformung „dritte Zeile minus erste Zeile" hätte zwar eine Null unter dem Pivotelement $\boxed{11}$ erzeugt, jedoch wäre die Staffelform zerstört worden.

4.3   Produktionsprogramme

Wir hatten schon im Beispiel 3.39 gesehen, wie bei einem zweistufigen Produktionsprozess aus den Direktbedarfsmatrizen der Gesamtbedarf an Rohmaterial für jeweils eine Mengeneinheit der Endprodukte berechnet wird. Ist nun der Lagervorrat an Rohmaterialien bekannt, so lässt sich mit dem Gaußalgorithmus berechnen, wie viele Stückzahlen der Endprodukte aus dem Vorrat hergestellt werden können. Die zu ermittelnde Anzahl der Endprodukte wird auch als **Produktionsprogramm** bezeichnet.

Beispiel 4.19
Wir setzen unser Ausgangsbeispiel 4.1 mit den zwei Rohmaterialien und den drei Endprodukten fort. Wir haben folgendes Gleichungssystem zu lösen:

I $6e_1 + 12e_2 + 24e_3 = 10\,200$
II $3e_1 + 11e_2 + 6e_3 = 4\,300$

Wir bestimmen die Lösungsmenge mit Hilfe des Gaußalgorithmus:

Zeile	e_1	e_2	e_3	b	Operation
①	6	12	24	$10\,200$	
②	3	11	6	$4\,300$	
③	6	12	24	$10\,200$	①
④	0	10	-12	$-1\,600$	$2\cdot$ ②$-$①

Nichtbasisvariable ist e_3 und kann deshalb beliebig gewählt werden. Basisvariablen sind e_1, e_2.

Lösung:

Zeile ④ $10e_2 - 12e_3 = -1\,600 \Leftrightarrow e_2 = -160 + 1{,}2e_3$

Zeile ③ $6e_1 + 12e_2 + 24e_3 = 10\,200$

$\Leftrightarrow 6e_1 = 10\,200 - 12\underbrace{(-160 + 1{,}2e_3)}_{e_2} - 24e_3 =$

$12\,120 - 38{,}4e_3$

$\Leftrightarrow e_1 = 2\,020 - 6{,}4e_3$

Die Lösungsmenge des Gleichungssystems lautet:

$$\mathbb{L} = \left\{ \begin{pmatrix} 2\,020 - 6{,}4e_3 \\ -160 + 1{,}2e_3 \\ e_3 \end{pmatrix} \mid e_3 \in \mathbb{R} \right\}$$

Nicht alle Lösungen sind ökonomisch sinnvoll, da die Mengeneinheiten von Rohstoffen nicht negativ sein können. Nicht negative Lösungen sind:

$$e_1 \geq 0 \Leftrightarrow 2\,020 - 6{,}4e_3 \geq 0 \Leftrightarrow e_3 \leq 315\tfrac{5}{8}$$

$$e_2 \geq 0 \Leftrightarrow -160 + 1{,}2e_3 \geq 0 \Leftrightarrow e_3 \geq 133\tfrac{1}{3}$$

$$e_3 \geq 0$$

Die nicht negative Lösungsmenge ist:

$$\mathbb{L} = \left\{ \begin{pmatrix} 2\,020 - 6{,}4e_3 \\ -160 + 1{,}2e_3 \\ e_3 \end{pmatrix} \mid e_3 \in [133\tfrac{1}{3}; 315\tfrac{5}{8}] \right\}$$

Spezielle nicht negative Lösungen sind:

$$\begin{pmatrix} e_1 \\ e_2 \\ e_3 \end{pmatrix} = \begin{pmatrix} 100 \\ 200 \\ 300 \end{pmatrix} \text{ oder } \begin{pmatrix} e_1 \\ e_2 \\ e_3 \end{pmatrix} = \begin{pmatrix} 1\,060 \\ 20 \\ 150 \end{pmatrix} \text{ usw.}$$

Nicht negative ganzzahlige Lösungen sind:

$$\mathbb{L} = \left\{ \begin{pmatrix} 2\,020 - 6{,}4e_3 \\ -160 + 1{,}2e_3 \\ e_3 \end{pmatrix} \mid e_3 \in \{135; 140; 145; \ldots; 315\} \right\}$$

Nicht negative ganzzahlige Lösungen einer ökonomischen Fragestellung werden wir immer in den folgenden fünf Schritten bestimmen:

[1] Das zugehörige Gleichungssystem aufstellen

[2] Gaußalgorithmus rechnen

[3] Die Lösungsmenge des Gleichungssystems aus dem Endtableau bestimmen

[4] Alle nicht negativen Lösungen angeben

[5] Alle ganzzahligen nicht negativen Lösungen angeben

4.4   Innerbetriebliche Leistungsverrechnung

In einem Unternehmen bestehen mehrere Kostenstellen, die Leistungen gemessen in Leistungseinheiten (kurz: LE) für den Absatzmarkt erstellen. Ferner erstellen diese Kostenstellen auch gegenseitig Leistungen (gemessen in LE). Bei der innerbetrieblichen Leistungsverrechnung ist das Ziel, die Leistung einer Kostenstelle statt durch LE jetzt durch GE ausdrücken zu können. Dazu wird berechnet, wie viele Geldeinheiten die Herstellung einer Leistungseinheit in der betreffenden Kostenstelle kostet.

Innerbetriebliche Leistungen sind zum Beispiel:

- Lieferung von Strom, Gas Wasser durch eigene Energierversorgestellen

- Wartung, Inspektion und Reparatur durch eigene Instandsabteilungen

- Bereitstellung von Nutzfläche in einer separaten Gebäudekostenstelle

- Fort- und Weiterbildung durch das interne Bildungswesen

- Transportleistungen des eigenen Pkw- und Lkw-Fuhrparks für andere Betriebsteile

- Arbeitsplanung und -steuerung durch die Kostenstelle Arbeitsvorbereitung

- Nacharbeit eines Montagefehlers in der Endkontrolle

- Anfertigung eines Ersatzteils für die Reparaturwerkstatt durch die Einzelteil-Fertigung

Beispiel 4.20
In einem Unternehmen bestehen drei Kostenstellen K_1, K_2, K_3. Sie erbringen Leistungen (gemessen in LE) für die jeweils anderen beiden Kostenstellen sowie für den Absatzmarkt. Die Leistungen (in LE) für den Absatzmarkt umfassen:

K_1	K_2	K_3
105	15	75

Die gegenseitigen Leistungsabgaben (in LE) zwischen den Kostenstellen sind in folgender Tabelle enthalten:

| Abgabe durch | Annahme durch Kostenstelle | | |
Kostenstelle	K_1	K_2	K_3
K_1	–	20	25
K_2	30	–	15
K_3	10	15	–

In jeder der Abteilungen fallen Kosten an, in denen die Leistungen von und nach außen nicht berücksichtigt sind. Wir bezeichnen diese Kosten als **Primärkosten** (Löhne, Energieverbrauch, Abschreibungen, etc.).Die Primärkosten (in GE) betragen:

K_1	K_2	K_3
280	210	50

Um dieses Mengen-Leistungsgeflecht als Kosten bewerten zu können, dienen die so genannten **Sekundärkosten** v_i = Bewertung (in GE) für eine von K_i hergestellte Leistungseinheit; $i = 1, 2, 3$.

Definition 4.21
Innerbetrieblich wird das folgende **Kostengleichgewicht** unterstellt: abgegebene Leistungen minus empfangene Leistungen sind identisch mit den Primärkosten.

Beispiel 4.22 (Fortsetzung von Beispiel 4.20)
Für das Beispiel 4.20 ergibt das Kostengleichgewicht aus der Definition 4.21 das folgende Gleichungssystem:

$$\text{I} \quad (105 + 20 + 25)v_1 - 30v_2 - 10v_3 = 280$$
$$\text{II} \quad (15 + 30 + 15)v_2 - 20v_1 - 15v_3 = 210$$
$$\text{III} \quad (75 + 10 + 15)v_3 - 25v_1 - 15v_2 = 50$$

Existieren Lösungen v_i dieses Gleichungssystems, so werden diese Lösungen v_i als **innerbetriebliche Verrechnungspreise** bezeichnet.

Das Gleichungssystem lässt sich auch wie folgt schreiben:

$$\text{I} \quad 150v_1 - 30v_2 - 10v_3 = 280$$
$$\text{II} \quad -20v_1 + 60v_2 - 15v_3 = 210$$
$$\text{III} \quad -25v_1 - 15v_2 + 100v_3 = 50$$

Das Gleichungssystem lösen wir mit dem Gaußalgorithmus:

Zeile	v_1	v_2	v_3		Operation
①	150	−30	−10	280	
②	−20	60	−15	210	
③	−25	−15	100	50	
④	$\boxed{15}$	−3	−1	28	①: 10
⑤	−4	12	−3	42	②: 5
⑥	−5	−3	20	10	③: 5
⑦	15	−3	−1	28	④
⑧	0	$\boxed{168}$	−49	742	15·⑤+4·④
⑨	0	−12	59	58	3·⑥+ ④
⑩	15	−3	−1	28	⑦
⑪	0	168	−49	742	⑧
⑫	0	0	777	1 554	14· ⑨+ ⑧

Zeile ⑫ $777v_3 = 1\,554 \;\Leftrightarrow\; v_3 = \dfrac{1\,554}{777} = 2$

Zeile ⑪ $168v_2 - 49v_3 = 742 \;\Leftrightarrow\; v_2 = \dfrac{742 + 49 \cdot 2}{168} = 5$

Zeile ⑩ $15v_1 - 3v_2 - v_3 = 28 \;\Leftrightarrow\; v_1 = \dfrac{28 + 3 \cdot 5 + 2}{15} = 3$

Lösung: $\begin{pmatrix} v_1 \\ v_2 \\ v_3 \end{pmatrix} = \begin{pmatrix} 3 \\ 5 \\ 2 \end{pmatrix}$

d.h. es kostet drei GE, um eine Leistungseinheit in Kostenstelle 1 herzustellen, fünf GE, um eine Leistungseinheit in Kostenstelle 2 herzustellen und zwei GE, um eine Leistungseinheit in Kostenstelle 3 herzustellen.

4.5   Beispiele zum Gaußalgorithmus

Neben der Berechnung eines Produktionsprogramms oder innerbetrieblicher Verrechnungspreise gibt es zahlreiche Anwendungsbeispiele für den Gaußalgorithmus.

Erfahrungsgemäß bereitet es vielen Studierenden Schwierigkeiten zu erkennen, ob sich aus einer angegebenen Verbrauchstabelle das zugehörige Gleichungssystem zeilenweise oder spaltenweise ergibt. Die Antwort ist jedoch recht einfach, wenn die zugehörigen Kapazitäten an den Rändern der Verbrauchstabelle eingetragen werden.

Stehen die Kapazitäten in einer Zeile unter der Verbrauchstabelle, so ergibt sich das zugehörige Gleichungssystem spaltenweise. Stehen hingegen die Kapazitäten in einer Spalte rechts am Rand der Verbrauchstabelle, so ergibt sich das zugehörige Gleichungssystem zeilenweise.

Beispiel 4.23
Auf eine Expedition sollen drei verschiedene Energie-Riegel R_1, R_2, R_3 mitgenommen werden, um den Vitaminbedarf von 3400 ME Vitamin V_1, 1100 ME von Vitamin V_2 und 1000 ME von Vitamin V_3 während der achtwöchigen Expedition abzudecken. Der Vitamingehalt (in ME) der einzelnen Riegel beträgt:

	R_1	R_2	R_3
V_1	4	6	3
V_2	1	2	1
V_3	5	1	0,5

Wie viele Riegel sollen von jeder Sorte mitgenommen werden, damit der Vitaminbedarf exakt abgedeckt wird?

Lösung
Zunächst tragen wir in die Verbrauchstabelle die Kapazitäten ein:

	R_1	R_2	R_3	Kap.
V_1	4	6	3	3 400
V_2	1	2	1	1 100
V_3	5	1	0,5	1 000

Gesucht sind die Werte von x_i = Anzahl der Energie-Riegel der Sorte $R_i; i = 1, 2, 3$.

Da die Kapazitäten in einer Spalte am Rand der Verbrauchstabelle stehen, ist das Gleichungssystem zeilenweise abzulesen:

$$\begin{array}{rl}
\text{I} & 4x_1 + 6x_2 + 3x_3 = 3400 \\
\text{II} & x_1 + 2x_2 + x_3 = 1100 \\
\text{III} & 5x_1 + x_2 + 0{,}5x_3 = 1000
\end{array}$$

Gaußalgorithmus

Zeile	x_1	x_2	x_3	b	Operation
①	4	6	3	3400	
②	1	2	1	1100	
③	5	1	0,5	1000	

④	4	6	3	3400	①
⑤	0	$\boxed{2}$	1	1000	$4 \cdot ② - ①$
⑥	0	-26	-13	$-13\,000$	$4 \cdot ③ - 5 \cdot ①$
⑦	4	6	3	3400	④
⑧	0	2	1	1000	⑤
⑨	0	0	0	0	$⑥ + 13 \cdot ⑤$

Nichtbasisvariable ist x_3 und kann deshalb beliebig gewählt werden. Basisvariablen sind x_1, x_2.

Lösung:

Zeile ⑧ $2x_2 + x_3 = 1000 \Leftrightarrow x_2 = 500 - \frac{1}{2}x_3$

Zeile ⑦ $4x_1 + 6x_2 + 3x_3 = 3400$

$\Leftrightarrow 4x_1 = 3400 - 6(500 - \frac{1}{2}x_3) - 3x_3 = 3400 - 3000 + 3x_3 - 3x_3 = 400$

$\Leftrightarrow x_1 = 100$

Lösungsmenge des Gleichungssystems:

$$\mathbb{L} = \left\{ \begin{pmatrix} 100 \\ 500 - \frac{1}{2}x_3 \\ x_3 \end{pmatrix} \mid x_3 \in \mathbb{R} \right\}$$

Nicht alle Lösungen sind ökonomisch sinnvoll, da die Anzahl an Riegeln z.B. nicht negativ sein kann. Wir suchen zunächst alle nicht negativen Lösungen:

$x_1 = 100 \geq 0$ ist bereits erfüllt

$x_2 \geq 0 \Leftrightarrow 500 - \frac{1}{2}x_3 \geq 0 \Leftrightarrow x_3 \leq 1000$

$x_3 \geq 0$

Lösungsmenge aller nicht negativen Lösungen:

$$\mathbb{L} = \left\{ \begin{pmatrix} 100 \\ 500 - \frac{1}{2}x_3 \\ x_3 \end{pmatrix} \mid x_3 \in [0; 1000] \right\}$$

Jetzt suchen wir alle ganzzahligen Lösungen, da wir keine halben Riegel mitnehmen wollen:

Lösungsmenge aller nicht negativen ganzzahligen Lösungen:

$$\mathbb{L} = \left\{ \begin{pmatrix} 100 \\ 500 - \frac{1}{2}x_3 \\ x_3 \end{pmatrix} \mid x_3 \in \{0, 2, 4, 6, 8, \ldots, 1000\} \right\}$$

Was heißt das jetzt für unser Expeditionsgepäck? Wie viele Riegel sind mitzunehmen? Von Riegel 1 sind immer 100 ME mitzunehmen. Da die Lösung jedoch nicht eindeutig ist, gibt es mehrere Möglichkeiten. Sollen z.b. von Riegel 3 genau 20 ME mitgenommen werden, so müssen von Riegel 2 genau 490 ME mitgenommen werden.

Um den Unterschied zu verdeutlichen, wann ein Gleichungssystem zeilenweise und wann ein Gleichungssystem spaltenweise aus der Verbrauchstabelle herauszulesen ist, betrachten wir noch einmal das Beispiel 4.23.

Beispiel 4.24
Wir betrachten noch einmal das Beispiel 4.23, jedoch mit transponierter Verbrauchsmatrix; d.h. der Vitamingehalt (in ME) der einzelnen Riegel beträgt:

	V_1	V_2	V_3
R_1	4	1	5
R_2	6	2	1
R_3	3	1	0,5

Wie viele Riegel sollen von jeder Sorte mitgenommen werden, damit der Vitaminbedarf exakt abgedeckt wird?

Lösung
Zunächst tragen wir in die Verbrauchstabelle die Kapazitäten ein:

	V_1	V_2	V_3
R_1	4	1	5
R_2	6	2	1
R_3	3	1	0,5
Kap.	3 400	1 100	1 000

Gesucht sind die Werte von x_i = Anzahl der Energie-Riegel der Sorte $R_i; i = 1, 2, 3$

Da die Kapazitäten in einer Zeile unter der Verbrauchstabelle stehen, ist das Gleichungssystem spaltenweise abzulesen:

$$\begin{array}{rl} \text{I} & 4x_1 + 6x_2 + 3x_3 = 3400 \\ \text{II} & x_1 + 2x_2 + x_3 = 1100 \\ \text{III} & 5x_1 + x_2 + 0{,}5x_3 = 1000 \end{array}$$

Sollen von Riegel 3 ferner genau 70 ME mitgenommen werden, so ergibt sich mit dem Lösungsweg aus Beispiel 4.23, dass von

Riegel 1 genau 100 ME und von Riegel 2 genau 465 ME auf die Expedition mitgenommen werden sollen.

4.6   Zusammenfassung

Mit dem Gaußalgorithmus können wir ein System von Gleichungen lösen.

Werden die Kapazitäten an den Rändern der Verbrauchstabelle eingetragen, so ist daraus ersichtlich, ob das gesuchte Gleichungssystem zeilenweise (Kapazitäten stehen am Ende der Zeilen) oder spaltenweise (Kapazitäten stehen am Ende der Spalten) abzulesen ist.

Zur Vermeidung von unerlaubten Rechenoperationen sollte nur die Pivotzeile zum Umformen benutzt werden.

Die Lösung des Gleichungssystems kann entweder nicht existieren oder eindeutig sein oder viele verschiedene Lösungen haben.

Prüfungstipp

Klausurthemen aus diesem Kapitel sind

- aus einer Textaufgabe das zugehörige Gleichungssystem aufzustellen,

- die Lösungsmenge eines Gleichungssystems zu bestimmen,

- die innerbetrieblichen Verrechnungspreise zu berechnen,

- alle nicht negativen Lösungen eines Gleichungssystems zu bestimmen,

- alle nicht negativen ganzzahligen Lösungen eines Gleichungssystems zu bestimmen sowie

- in einem Produktionsprozess für einen vorgegebenen Vorrat an Rohmaterial das Produktionsprogramm zu berechnen.

5 Folgen und Reihen

Lernziele

In diesem Kapitel lernen Sie

- Folgen und Reihen,

- Grenzwerte von Folgen sowie

- das Summenzeichen kennen.

Wir benötigen Folgen und Reihen, um Eigenschaften von Funktionen besser verstehen zu können. Darüber hinaus spielen Folgen und Reihen in der Finanzmathematik eine große Rolle.

5.1 Folgen und ihre Eigenschaften

Haben wir eine Zahlenkolonne, z.B. $3, 6, 9, 12, 15, 18, \ldots$ und nummerieren wir die Werte mit erster Wert gleich 3, zweiter Wert gleich 6, dritter Wert gleich 9 usw., so wird die nummerierte Zahlenkolonne auch als „Folge" bezeichnet.

Definition 5.1
Eine **endliche Folge** im $\mathbb{R}^1$ ist eine Abbildung $a : \{1, 2, \ldots, N\} \to \mathbb{R}$ mit den reellen Werten $a(1), a(2), \ldots, a(N)$. Eine **unendliche Folge** im $\mathbb{R}^1$ ist eine Abbildung $a : \mathbb{N} \to \mathbb{R}$ mit den reellen Werten $a(1), a(2), \ldots, a(N), \ldots$

Die Folgenglieder werden kurz mit a_n bezeichnet; n heißt der **Index** des Folgengliedes a_n. Die Folgen werden i.d.R. mit (a_n) bezeichnet. Bisweilen beginnt der Index einer Folge auch bei Null.

Beispiel 5.2

[1]

n	1	2	3	4	5	$\ldots$
$a_n = \frac{1}{n+1}$	$\frac{1}{2}$	$\frac{1}{3}$	$\frac{1}{4}$	$\frac{1}{5}$	$\frac{1}{6}$	$\ldots$

[2]

n	1	2	3	4	5	...
$a_n = \frac{1}{2^n}$	$\frac{1}{2}$	$\frac{1}{4}$	$\frac{1}{8}$	$\frac{1}{16}$	$\frac{1}{32}$	...

[3]

n	1	2	3	4	5	...
$a_n = \frac{1}{n!}$	1	$\frac{1}{2}$	$\frac{1}{6}$	$\frac{1}{24}$	$\frac{1}{120}$	...

[4]

n	1	2	3	4	5	...
$a_n = (-1)^n$	-1	1	-1	1	-1	...

Zur Angabe von Folgen gibt es verschiedene Möglichkeiten:

■ Aufzählen: z.B. $1, \frac{1}{2}, \frac{1}{3}, \frac{1}{4}, \ldots$

■ Angabe des Bildungsgesetzes: z.B. $a_n = \frac{1}{n}$

■ Angabe der Rekursionsformel: z.B. $a_1 = 1, a_n = \frac{a_{n-1}}{1+a_{n-1}}$

Definition 5.3
Eine Folge $(a_n)_{n \in \mathbb{N}}$ heißt **arithmetische Folge**, wenn die Differenz zweier benachbarter Folgenglieder stets konstant ist: $a_{n+1} - a_n = d = $ konstant.

Beispiel 5.4
Bei einem Jahresumsatz von 200 GE erzeugt ein absoluter jährlicher Zuwachs von 20 GE die arithmetische Folge:

$$
\left.
\begin{aligned}
a_1 &= 200 \\
a_2 &= 220 \\
a_3 &= 240 \\
a_4 &= 260 \\
&\vdots \\
a_n &= 200 + (n-1) \cdot 20 \\
&\vdots
\end{aligned}
\right\} \Rightarrow a_{n+1} - a_n = 20
$$

Satz 5.5
Allgemein gilt für eine arithmetische Folge mit $d = a_{n+1} - a_n$:

$a_n = a_1 + (n - 1) \cdot d$

Definition 5.6
Eine Folge $(a_n)_{n \in \mathbb{N}}$ heißt **geometrische Folge**, wenn der Quotient zweier benachbarter Folgenglieder stets konstant ist:
$$\frac{a_{n+1}}{a_n} = q = \text{konstant.}$$

Beispiel 5.7
Bei einem Jahresumsatz von 200 GE erzeugt ein prozentualer jährlicher Zuwachs von 10% die geometrische Folge:

$$
\left.
\begin{aligned}
a_1 &= 200 \\
a_2 &= 220 \\
a_3 &= 242 \\
a_4 &= 266{,}2 \\
&\;\;\vdots \\
a_n &= 200 \cdot 1{,}1^{n-1} \\
&\;\;\vdots
\end{aligned}
\right\} \Rightarrow \frac{a_{n+1}}{a_n} = 1{,}1
$$

Satz 5.8
Allgemein gilt für eine geometrische Folge mit $q = \frac{a_{n+1}}{a_n}$:

$a_n = a_1 \cdot q^{n-1}$

Die Folge $a_n = \frac{1}{n}$ heißt **harmonische Folge**.

Wir betrachten weitere Eigenschaften von Folgen.

Definition 5.9
Eine Folge $(a_n)_{n \in \mathbb{N}}$ heißt **alternierend**, wenn das Vorzeichen zweier benachbarter Folgenglieder stets verschieden ist.

Beispiel 5.10

Wir betrachten die Folge $a_n = \dfrac{(-1)^n}{n}$. Die ersten fünf Folgenglieder betragen:

n	1	2	3	4	5	...
a_n	-1	$\frac{1}{2}$	$-\frac{1}{3}$	$\frac{1}{4}$	$-\frac{1}{5}$	

d.h. die Folge a_n ist eine alternierende Folge.

Definition 5.11

Eine Folge $(a_n)_{n \in \mathbb{N}}$ heißt **monoton wachsend** bzw. **streng monoton wachsend**, wenn gilt: $a_{n+1} \geq a_n$ bzw. $a_{n+1} > a_n$ für alle $n \in \mathbb{N}$.

Beispiel 5.12

[1] Wir betrachten die Folge $a_n = \dfrac{2^{n-1}}{n}$. Die ersten fünf Folgenglieder betragen:

n	1	2	3	4	5	...
a_n	1	1	$\frac{4}{3}$	2	$\frac{16}{5}$	

d.h. a_n ist eine monoton wachsende Folge.

[2] Wir betrachten die Folge $b_n = 2^n$. Die ersten fünf Folgenglieder betragen:

n	1	2	3	4	5	...
b_n	2	4	8	16	32	

d.h. b_n ist eine streng monoton wachsende Folge.

Definition 5.13

Eine Folge $(a_n)_{n \in \mathbb{N}}$ heißt **monoton fallend** bzw. **streng monoton fallend**, wenn gilt: $a_{n+1} \leq a_n$ bzw. $a_{n+1} < a_n$ für alle $n \in \mathbb{N}$.

Beispiel 5.14

[1] Wir betrachten die Folge $a_n = \dfrac{1}{(n-1)!}$. Die ersten fünf

Folgenglieder betragen:

n	1	2	3	4	5	...
a_n	1	1	$\frac{1}{2}$	$\frac{1}{6}$	$\frac{1}{24}$	

d.h. a_n ist eine monoton fallende Folge.

[2] Wir betrachten die harmonische Folge $b_n = \dfrac{1}{n}$. Die ersten fünf Folgenglieder betragen:

n	1	2	3	4	5	...
b_n	1	$\frac{1}{2}$	$\frac{1}{3}$	$\frac{1}{4}$	$\frac{1}{5}$	

d.h. b_n ist eine streng monoton fallende Folge.

Definition 5.15
Eine Folge $(a_n)_{n \in \mathbb{N}}$ heißt **nach oben beschränkt,** falls es eine Konstante c gibt, so dass gilt: $a_n \leq c$ für alle $n \in \mathbb{N}$.

Beispiel 5.16
Die Folge $(a_n) = \dfrac{3}{2n}$ ist durch $\dfrac{3}{2}$ nach oben beschränkt.

Definition 5.17
Eine Folge $(a_n)_{n \in \mathbb{N}}$ heißt **nach unten beschränkt,** falls es eine Konstante c gibt, so dass gilt: $a_n \geq c$ für alle $n \in \mathbb{N}$.

Beispiel 5.18
Die Folge $(a_n) = 3n$ ist durch 3 nach unten beschränkt.

Definition 5.19
Eine Folge heißt **beschränkt,** wenn sie sowohl nach unten als auch nach oben beschränkt ist.

Anschaulich betrachtet ist eine Folge beschränkt, wenn die Folge auf der Zahlengerade in einen „Käfig" in Form eines abgeschlossenen Intervalls $[c_1; c_2]$ eingesperrt werden kann. Die Größe des „Käfigs" bzw. des Intervalls ist dabei unerheblich.

5 Folgen und Reihen

Beispiel 5.20

■ Die Folge $a_n = \dfrac{(-1)^n}{2^n} = -\dfrac{1}{2}, \dfrac{1}{4}, -\dfrac{1}{8}, \dfrac{1}{16}, -\dfrac{1}{32}, \ldots$ ist eine alternierende, beschränkte, geometrische Folge.

■ Die Folge $a_n = \dfrac{1}{2^n} = \dfrac{1}{2}, \dfrac{1}{4}, \dfrac{1}{8}, \dfrac{1}{16}, \dfrac{1}{32}, \ldots$ ist eine streng monoton fallende, beschränkte, geometrische Folge.

■ Die Folge $a_n = n = 1, 2, 3, 4, 5, \ldots$ ist eine streng monoton wachsende, nach unten beschränkte, arithmetische Folge.

5.2   Grenzwert von Folgen

Uns interessiert die Frage: Wie verhält sich das Folgenglied a_n, wenn der Index n immer größer wird, d.h. wenn gilt: $n \to \infty$?

Beispiel 5.21

■ Die Folge (a_n) strebt für n gegen unendlich gegen Null:

$$a_n = \frac{1}{n} \xrightarrow[n \to \infty]{} 0$$

■ Die Folge (a_n) strebt für n gegen unendlich gegen Eins:

$$a_n = \frac{n-1}{n} \xrightarrow[n \to \infty]{} 1$$

■ Die Folge (a_n) strebt für n gegen unendlich gegen:

$$a_n = \left(1 + \frac{1}{n}\right)^n \xrightarrow[n \to \infty]{} ?$$

$$
\begin{aligned}
a_1 &= 2 \\
a_2 &= 2{,}25 \\
a_3 &= 2{,}37 \\
a_4 &= 2{,}44 \\
a_5 &= 2{,}49 \\
a_6 &= 2{,}52 \\
a_{100} &= 2{,}705 \\
a_{1\,000} &= 2{,}717 \\
a_{10\,000} &= 2{,}718
\end{aligned}
$$

d.h. die Folge strebt gegen die Eulersche Konstante e; d.h.

$$a_n \xrightarrow[n \to \infty]{} e = 2{,}718\ldots$$

Die Folge $a_n = \left(1 + \dfrac{1}{n}\right)^n$ spiegelt die stetige Verzinsung in der

Finanzmathematik (vgl. z.B. Arrenberg [2]) wider. Allgemein gilt
der folgende Satz:

Satz 5.22
Für die Folgen gilt:

$$\left(1 + \frac{1}{n}\right)^n \xrightarrow[n \to \infty]{} e = 2{,}718\ldots \text{ und}$$

$$\left(1 + \frac{z}{n}\right)^n \xrightarrow[n \to \infty]{} e^z$$

In dem Beispiel 5.21 haben wir gesehen, dass für wachsenden Index
n sich eine Folge a_n annähern kann an eine bestimmte Zahl; diese
Zahl wird als „Grenzwert" der Folge bezeichnet:

Definition 5.23
Eine reelle Zahl a heißt **Grenzwert** der Folge $(a_n)_{n \in \mathbb{N}}$, wenn
es zu jedem (noch so kleinen) $\varepsilon > 0$ (lies: epsilon) einen Index
n_ε gibt, so dass für alle Glieder der Folge mit einem Index
$n > n_\varepsilon$ gilt: a_n liegt in dem Intervall $(a - \varepsilon, a + \varepsilon)$. Man sagt,
die Folge $(a_n)_{n \in \mathbb{N}}$ **konvergiert** gegen a und schreibt:

$$\lim_{n \to \infty} a_n = a \text{ oder } a_n \xrightarrow[n \to \infty]{} a$$

Ist eine Folge konvergent mit dem Grenzwert Null, so heißt sie
Nullfolge. Eine Folge, die nicht konvergiert, heißt **divergent**.

Beispiel 5.24
■ Die Folge $a_n = 1 + \dfrac{1}{n^2}$ konvergiert gegen $a = 1$.

[1] Wählen wir z.B. $\varepsilon = 0{,}01$, so stellt sich gemäß der Definition 5.23 die Frage, ab welcher Folgengliednummer
alle Folgenglieder in dem Intervall $(0{,}99; 1{,}01)$ liegen.
$\mid a_n - a \mid = \mid 1 + \frac{1}{n^2} - 1 \mid = \frac{1}{n^2} < \varepsilon = \frac{1}{100} \Leftrightarrow n^2 > 100 \Leftrightarrow$
$n > 10$
d.h. ab a_{11} liegen alle nachfolgenden Folgenglieder im
Intervall $(0{,}99; 1{,}01)$

[2] Und wählen wir z.B. $\varepsilon = 0{,}005$, so stellt sich gemäß der
Definition 5.23 die Frage, ab welcher Folgengliednummer
alle Folgenglieder in dem Intervall $(0{,}995; 1{,}005)$ liegen.

$| a_n - a | = | 1 + \frac{1}{n^2} - 1 | = \frac{1}{n^2} < \varepsilon = 0{,}005 \Leftrightarrow n^2 > 200 \Leftrightarrow n > 14{,}1$

d.h. ab a_{15} liegen alle nachfolgenden Folgenglieder im Intervall $(0{,}995; 1{,}005)$

■ $b_n = (-1)^n$ ist divergent

■ $\dfrac{(n-5)^2}{n^3 - 4n^2} \xrightarrow[n \to \infty]{} ?$

Um diesen Grenzwert bestimmen zu können, brauchen wir die nachfolgenden Grenzwertsätze.

Im Einzelnen gelten die folgenden (Grenzwertsätze):

Satz 5.25 (Grenzwertsätze)
Die Folgen $(a_n)_{n \in \mathbb{N}}$ und $(b_n)_{n \in \mathbb{N}}$ seien konvergent mit den Grenzwerten a bzw. b. Dann sind die daraus wie folgt zusammengesetzten Folgen wieder konvergent:

■ $\displaystyle \lim_{n \to \infty} (a_n + b_n) = \lim_{n \to \infty} a_n + \lim_{n \to \infty} b_n = a + b$

■ $\displaystyle \lim_{n \to \infty} (a_n - b_n) = \lim_{n \to \infty} a_n - \lim_{n \to \infty} b_n = a - b$

■ $\displaystyle \lim_{n \to \infty} (a_n \cdot b_n) = \left(\lim_{n \to \infty} a_n \right) \cdot \left(\lim_{n \to \infty} b_n \right) = a \cdot b$

■ $\displaystyle \lim_{n \to \infty} \frac{a_n}{b_n} = \frac{\lim\limits_{n \to \infty} a_n}{\lim\limits_{n \to \infty} b_n} = \frac{a}{b}$; falls $b_n \neq 0$ und $b \neq 0$

■ $\displaystyle \lim_{n \to \infty} (a_n)^r = \left(\lim_{n \to \infty} a_n \right)^r = a^r, \ r \in \mathbb{R}$

Beispiel 5.26
Um die Grenzwertsätze 5.25 zu überprüfen, betrachten wir die beiden Folgen:

$a_n = \dfrac{3n - 1}{n} = 3 - \dfrac{1}{n} \longrightarrow 3$ und $b_n = \dfrac{7n + 2}{n} = 7 + \dfrac{2}{n} \longrightarrow 7$

Dann ergibt sich:

■ $a_n + b_n = \dfrac{10n + 1}{n} = 10 + \dfrac{1}{n} \longrightarrow 10 = 3 + 7$

■ $a_n - b_n = \dfrac{-4n - 3}{n} = -4 - \dfrac{3}{n} \longrightarrow -4 = 3 - 7$

- $a_n \cdot b_n = \dfrac{21n^2 - n - 2}{n^2} = 21 - \dfrac{1}{n} - \dfrac{2}{n^2} \longrightarrow 21 = 3 \cdot 7$

- $\dfrac{a_n}{b_n} = \dfrac{3n - 1}{7n + 2} = \dfrac{n(3 - \frac{1}{n})}{n(7 + \frac{2}{n})} = \dfrac{3 - \frac{1}{n}}{7 + \frac{2}{n}} \longrightarrow \dfrac{3}{7} = 3 \div 7$

- $(a_n)^{\frac{1}{2}} = \sqrt{\dfrac{3n - 1}{n}} \longrightarrow \sqrt{3} = 3^{\frac{1}{2}}$

Liegt eine Folge in Form eines Bruches vor, so gibt es eine allgemeine Vorgehensweise, um den Grenzwert der Folge zu bestimmen. Zunächst wird der Bruch erweitert mit $\dfrac{1}{n^{\text{höchste Potenz im Nenner}}}$. Anschließend werden die Grenzwerte von Zähler und Nenner bestimmt.

Beispiel 5.27 (Fortsetzung von Beispiel 5.24)
Wir suchen den Grenzwert der Folge:

$$\frac{(n - 5)^2}{n^3 - 4n^2} \underset{n \to \infty}{\longrightarrow} ?$$

Die höchste Potenz im Nenner beträgt drei. Also erweitern wir wie folgt:

$$\frac{\frac{1}{n^3} \cdot (n - 5)^2}{\frac{1}{n^3} \cdot (n^3 - 4n^2)} = \frac{\frac{1}{n^3} \cdot (n^2 - 10n + 25)}{\frac{1}{n^3} \cdot (n^3 - 4n^2)}$$

$$= \frac{\frac{1}{n} - \frac{10}{n^2} + \frac{25}{n^3}}{1 - \frac{4}{n}} \longrightarrow \frac{0}{1} = 0$$

d.h. der gesuchte Grenzwert beträgt null.

5.3 Reihen

Vorbemerkung: Der große lateinische Buchstabe S wird im griechischen Alphabet mit $\sum$ (lies: Sigma) bezeichnet und steht in der Mathematik als Zeichen für eine Summe von Zahlen:

Definition 5.28
Das **Summenzeichen** ist wie folgt festgelegt:

$$\sum_{i=1}^{1} a_i = a_1 \quad \text{und} \quad \sum_{i=1}^{n+1} a_i = \sum_{i=1}^{n} a_i + a_{n+1}$$

5 Folgen und Reihen

Beispiel 5.29
Was ergibt $1 + 2 + 3 + 4 + 5 + \ldots + 96 + 97 + 98 + 99 + 100 = ?$

Werden der erste und der letzte Summand addiert, so ergibt sich der Wert 1+100=101. Werden weiter der zweite und der vorletzte Summand addiert, so ergibt sich 2+99=101. Auch die Summe des dritten und des vorvorletzten Summanden ergibt 3+98=101. Fahren wir so fort, so haben wir 50 Summanden mit den Werten 101, also ergibt $1+2+3+\ldots+100 = 50 \cdot 101 = 5\,050$.

Allgemein gilt:

Satz 5.30
$$1 + 2 + 3 + \ldots + n = \frac{n}{2}(n+1)$$

Der Satz 5.30 ist hilfreich in der Finanzmathematik, wenn bei einer bestimmten Verzinsungsart für unterjährliche Renten das Guthaben am Jahresende berechnet werden soll, wobei z.B. die Zahlen $1 + 2 + \ldots + 12$ zu addieren sind, was $\frac{12}{2} \cdot 13 = 78$ ergibt.

Definition 5.31
Werden die ersten n Glieder einer Folge $(a_n)_{n \in \mathbb{N}}$ aufsummiert, so wird diese Summe $s_n = a_1 + a_2 + \ldots + a_n = \sum_{k=1}^{n} a_k$ als n-te **Partialsumme** von $(a_n)_{n \in \mathbb{N}}$ bezeichnet. Die zugeordnete Folge $(s_n)_{n \in \mathbb{N}}$ heißt **Reihe** der Folge $(a_n)_{n \in \mathbb{N}}$.

Beispiel 5.32
Für die Folge $a_n = n$ gilt:

n	1	2	3	$\ldots$	n	$\ldots$
a_n	1	2	3	$\ldots$	n	$\ldots$
s_n	1	3	6	$\ldots$	$\frac{n}{2}(n+1)$	$\ldots$

Definition 5.33
Ist $(a_n)_{n \in \mathbb{N}}$ eine arithmetische Folge, also $a_{n+1} - a_n = d$, so heißt die zugehörige Reihe $(s_n)_{n \in \mathbb{N}}$, $s_n = \sum_{k=1}^{n} a_k$, **arithmetische Reihe**.

Beispiel 5.34
Bei einem Jahresumsatz von 200 GE erzeugt ein absoluter jährlicher Zuwachs von fünf GE die arithmetische Folge:

$a_1 = 205$
$a_2 = 210$
$a_3 = 215$
$\vdots$
$a_n = 205 + (n-1) \cdot 5 = a_1 + (n-1) \cdot d \Rightarrow d = \frac{a_n - a_1}{n-1}$

Die kumulierten Jahresumsätze nach n Jahren betragen:

n	1	2	3	4	5
s_n	205	415	630	850	?

$$
\begin{aligned}
s_5 &= a_1 + a_2 + a_3 + a_4 + a_5 \\
&= a_1 + (a_1 + d) + (a_1 + 2d) + (a_1 + 3d) + (a_1 + 4d) \\
&= 5a_1 + (1 + 2 + 3 + 4)d = 5a_1 + 10d \\
&= 5a_1 + 10\frac{a_5 - a_1}{4} = 5a_1 + \frac{5}{2}(a_5 - a_1) \\
&= 5a_1 + \frac{5}{2}a_5 - \frac{5}{2}a_1 = \frac{5}{2}a_1 + \frac{5}{2}a_5 \\
&= \frac{5}{2}(a_1 + a_5) = \frac{5}{2}(205 + 225) = 1075
\end{aligned}
$$

d.h. nach fünf Jahren summieren sich die Jahresumsätze auf zu
1 075 GE.

Allgemein gilt:

Satz 5.35
Falls s_n eine arithmetische Reihe ist, gilt: $s_n = \dfrac{n}{2}(a_1 + a_n)$

Beispiel 5.36
Wie hoch sind in Beispiel 5.34 die kumulierten Jahresumsätze
nach zwanzig Jahren? Mit dem Satz 5.35 ergibt sich:

$a_{20} = 205 + 19 \cdot 5 = 300$

$s_{20} = \dfrac{20}{2} \cdot (205 + a_{20}) = \dfrac{20}{2} \cdot (205 + 300) = 5\,050$

d.h. nach zwanzig Jahren summieren sich die Jahresumsätze
auf zu $5\,050$ GE.

Definition 5.37
Ist $(a_n)_{n \in \mathbb{N}}$ eine geometrische Folge, also $\frac{a_{n+1}}{a_n} = q$, so heißt
die zugehörige Reihe $s_n = \sum_{k=1}^{n} a_k$, **geometrische Reihe**.

Beispiel 5.38
Bei einem Jahresumsatz von 200 GE erzeugt ein prozentualer
jährlicher Zuwachs von 2,5% die geometrische Folge:

$a_1 = 205$
$a_2 = 210{,}13$
$a_3 = 215{,}38$
$\vdots$
$a_n = 205 \cdot 1{,}025^{n-1} = a_1 \cdot q^{n-1}$

Die kumulierten Jahresumsätze nach n Jahren betragen:

n	1	2	3	4	5
s_n	205	415,13	630,51	851,27	?

$$
\begin{aligned}
s_5 &= a_1 + a_2 + a_3 + a_4 + a_5 \\
&= a_1 + a_1 \cdot q + a_1 \cdot q^2 + a_1 \cdot q^3 + a_1 \cdot q^4 \\
&= a_1(1 + q + q^2 + q^3 + q^4) \\
&= a_1 \frac{q^5 - 1}{q - 1} \quad \text{(vgl. Satz 5.39)} \\
&= 205 \cdot \frac{1{,}025^5 - 1}{1{,}025 - 1} = 1\,077{,}55
\end{aligned}
$$

d.h. nach fünf Jahren summieren sich die Jahresumsätze auf zu
$1\,077{,}55$ GE.

In Beispiel 5.38 taucht der folgende Term auf:

$$1 + q + q^2 + q^3 + \ldots + q^{n-1}$$

Wie lässt sich der Term kürzer schreiben? Um das herauszufinden,
multiplizieren wir zunächst den Term mit dem Faktor $q - 1$, das
ergibt:

$$
\begin{aligned}
&(q - 1)(1 + q + q^2 + q^3 + \ldots + q^{n-1}) \\
&= q + q^2 + q^3 + \ldots + q^n - 1 - q - q^2 - q^3 - \ldots - q^{n-1} \\
&= q^n - 1
\end{aligned}
$$

Jetzt müssen wir noch beide Seiten durch $q - 1$ dividieren. Dann erhalten wir den gewünschten kürzeren Term:

$$1 + q + q^2 + q^3 + \ldots + q^{n-1} = \frac{q^n - 1}{q - 1}$$

Zusammengefasst gilt somit:

Satz 5.39
$$1 + q + q^2 + q^3 + \ldots + q^{n-1} = \frac{q^n - 1}{q - 1}$$

Wenn Sie jetzt fragen: „Wie kommt man auf das Ergebnis in Satz 5.39?", fällt mir als Antwort nur ein Ausspruch von Albert Einstein ein, der gesagt hat: Genie ist zu 98% Transpiration und zu 2% Inspiration. Oder anders ausgedrückt: Durch stundenlanges Ausprobieren welche Umformung den Term kürzer erscheinen lässt.

Satz 5.40
Falls s_n eine geometrische Reihe ist, gilt: $s_n = a_1 \cdot \dfrac{q^n - 1}{q - 1}$

Beispiel 5.41
Wie hoch sind in Beispiel 5.38 die kumulierten Jahresumsätze nach zwanzig Jahren?

$$s_{20} = a_1 \cdot \frac{q^{20} - 1}{q - 1} = 205 \cdot \frac{1{,}025^{20} - 1}{0{,}025} = 5\,236{,}66$$

d.h. nach zwanzig Jahren summieren sich die Jahresumsätze auf zu $5\,236{,}7$ GE.

Die Folge (s_n), $s_n = a_1 \frac{q^{n-1}}{q-1}$ konvergiert genau dann, wenn gilt $q \in (-1; 1)$. Der Grenzwert ist dann: $s_n = a_1 \dfrac{q^n - 1}{q - 1} \to a_1 \dfrac{0 - 1}{q - 1} =$
$a_1 \dfrac{-1}{-(1 - q)} = \dfrac{a_1}{1 - q}$. Diesen Grenzwert schreiben wir auch in der Form $\sum_{k=1}^{\infty} a_k$:

Satz 5.42
Falls s_n eine geometrische Reihe ist, gilt:

$$s_n = \sum_{k=1}^{n} a_k = a_1 \frac{q^n - 1}{q - 1} \quad \text{(endliche Summe)}$$

$$\sum_{k=1}^{\infty} a_k = \frac{a_1}{1 - q}, \text{ für } q \in (-1; 1) \quad \text{(unendliche Summe)}$$

Beispiel 5.43
Wir betrachten die folgende Folge:

$a_1 = 100$
$a_2 = 50$
$a_3 = 25$
$a_4 = 12{,}5$
$a_5 = 6{,}25$

Dann liegt eine geometrische Folge vor mit $q = 0{,}50$. Die zugehörige Reihe s_n ist eine geometrische Reihe. Mit dem Satz 5.42 ergibt sich z.B.:

$$s_7 = a_1 + \ldots + a_7 = a_1 \cdot \frac{q^7 - 1}{q - 1} = 100 \cdot \frac{0{,}5^7 - 1}{0{,}5 - 1} = 198{,}44.$$

Und weiter:

$$\sum_{k=1}^{\infty} a_k = \frac{a_1}{1 - q} = \frac{100}{1 - 0{,}5} = 200$$

Definition 5.44
Die der harmonischen Folge $a_n = \frac{1}{n}$ zugeordnete Reihe $s_n = \sum_{k=1}^{n} \frac{1}{k}$ heißt **harmonische Reihe**.

Beispiel 5.45
Die harmonische Reihe ist nicht konvergent, sie divergiert. Es gilt nämlich:

$$s_n = 1 + \frac{1}{2} + \underbrace{\frac{1}{3} + \frac{1}{4}}_{>1/2} + \underbrace{\frac{1}{5} + \frac{1}{6} + \frac{1}{7} + \frac{1}{8}}_{>1/2} + \underbrace{\frac{1}{9} + \ldots + \frac{1}{16}}_{>1/2} + \ldots$$

Während gemäß Beispiel 5.45 die Reihe $\sum_{i=1}^{\infty} \frac{1}{n}$ beliebig groß wird, ist hingegen die Reihe $\sum_{i=1}^{\infty} \frac{1}{n^2}$ beschränkt und somit konvergent:

Beispiel 5.46
Die Reihe $\sum_{i=1}^{\infty} \frac{1}{n^2}$ ist beschränkt:

$$\sum_{i=1}^{\infty} \frac{1}{n^2} = 1 + \frac{1}{4} + \frac{1}{9} + \frac{1}{16} + \ldots < 1 + \frac{1}{1 \cdot 2} + \frac{1}{2 \cdot 3} + \frac{1}{3 \cdot 4} + \ldots$$
$$= 1 + \left(1 - \frac{1}{2}\right) + \left(\frac{1}{2} - \frac{1}{3}\right) + \left(\frac{1}{3} - \frac{1}{4}\right) + \ldots = 2$$

5.4　Zusammenfassung

Bisher gibt es keine Klausuraufgaben aus diesem Themengebiet. Kennen gelernt haben wir in diesem Kapitel die folgenden Begriffe:

■ Folge $a_1, a_2, a_3, \ldots$ und n-te Partialsumme $s_n = \sum_{i=1}^{n} a_i = a_1 + \ldots + a_n$

■ arithmetische Folge $a_n = a_1 + (n-1) \cdot d$ und n-te Partialsumme $s_n = \frac{n}{2}(a_1 + a_n)$

■ geometrische Folge $a_n = a_1 \cdot q^{n-1}$ und n-te Partialsumme $s_n = a_1 \cdot \frac{q^n - 1}{q - 1}$

■ unendliche geometrische Reihe $\sum_{i=1}^{\infty} a_i = a_1 \cdot \frac{1}{1-q}$;　falls $-1 < q < 1$

6 Funktionen einer reellen Variablen

6 Funktionen einer reellen Variablen

Lernziele

In diesem Kapitel lernen Sie

- ökonomische Funktionen,

- Verknüpfungen von Abbildungen,

- Faktorisieren von Polynomen,

- Monotonie von Funktionen,

- Grenzwerte von Funktionen sowie

- die Stetigkeit kennen.

Bevor wir Funktionen mit genau einer Variablen betrachten, wollen wir ein historisches Beispiel aus dem Jahr 1928 kennen lernen. Damals wurde im übertragenen Sinn der Grundstein für ökonomische Funktionen und ökonomische Modelle gelegt.

Beispiel 6.1

Die englischen Ökonomen Charles W. Cobb und Paul H. Douglas haben 1928 folgende Daten der Jahre 1899 bis 1922 in einem Diagramm dargestellt:

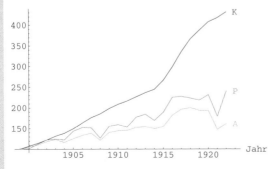

Dabei bezeichnen: A= Anzahl der Lohnempfänger, K= Wert

des eingesetzten Kapitals, P= Menge der produzierten Güter. Ziel der beiden Ökonomen war es, die Größe P durch die beiden anderen Größen A und K zu erklären. Die Ökonomen ermittelten den folgenden Zusammenhang:

Modell $P = 1{,}01 \cdot A^{0,75} \cdot K^{0,25}$

Die Funktion P wird als Produktionsfunktion bezeichnet. Das Modell der Produktionsfunktion P (gestrichelte Linie in der nachfolgenden Grafik) beschreibt die wirtschaftliche Entwicklung in England für den Zeitraum 1899 bis 1922 sehr gut:

Dass sich die Exponenten der Produktionsfunktion P zu Eins addieren, ist kein Zufall, sondern erklärt sich wie folgt: Wird die Einsatzmenge der Produktionsfaktoren A und K verdoppelt, so sollte sich auch die Ausbringungsmenge P verdoppeln:

$$1{,}01 \cdot (2A)^{0,75} \cdot (2K)^{0,25} =$$
$$1{,}01 \cdot 2^{0,75} \cdot A^{0,75} \cdot 2^{0,25} \cdot K^{0,25} =$$
$$2 \cdot \left(1{,}01 \cdot A^{0,75} \cdot K^{0,25}\right) \quad = 2 \cdot P$$

Damit sich die Ausbringungsmenge (Output) ebenfalls verdoppelt, wenn die Einsatzmenge (Input) verdoppelt wird, müssen sich die Exponenten in Produktionsfunktionen zu Eins addieren.

6.1   Ökonomische Funktionen

Ökonomische Funktionen werden für die Beschreibung von Modellen herangezogen.

⚠ Wir werden im Folgenden, so lange nichts anderes explizit gefordert wurde, von Mengeneinheiten $x \in \mathbb{R}_0^+$ (statt $x \in \mathbb{N}_0$) ausgehen, obwohl es ökonomisch keinen Sinn macht, z.B. halbe Güter herzustellen. Insb. wird, falls kein Widerspruch zum Definitionsbereich besteht, auch die Menge $x = 0$ bei unseren Berechnungen zugelassen sein.

Wir wollen die wichtigsten Funktionen anhand eines kleinen Beispiels kennen lernen.

Beispiel 6.2
In einer Döner-Bude in der Kölner Südstadt kostet ein Döner 2,50 €. Werden zehn Döner verkauft, so beträgt der Umsatz 25 €. Werden zwanzig Döner verkauft, so beträgt der Umsatz 50 €. Bezeichnen wir mit x die verkauften Stückzahlen an Dönern, so beträgt der Umsatz (in €)·

$$U(x) = 2,5 \cdot x \; ; x \in \mathbb{R}_0^+$$

Die Preis-Absatz Funktion ist konstant und lautet:

$$p(x) = 2,5 \; ; x \in \mathbb{R}_0^+.$$

Definition 6.3
Umsatz = Verkaufspreis mal Absatzmenge; d.h.

$$U(x) = p(x) \cdot x$$

Der Umsatz wird bisweilen auch als **Erlös** bezeichnet.

Beispiel 6.4 (Fortsetzung von Beispiel 6.2)
Die Miete für den Laden beträgt 500 € pro Monat. Das Gehalt für den Angestellten beträgt 700 € pro Monat. Ferner betragen die Produktionskosten für einen Döner 1,80 €.

Unabhängig davon, wie viele Döner verkauft werden, entstehen somit pro Monat auf jeden Fall 1 200 € fixe Kosten (**Fixkosten** K_f).

Bezeichnen wir mit x die hergestellten Stückzahlen an Dönern, so betragen die Produktionskosten $1,8 \cdot x$. Da diese Kosten von der Variablen x abhängen, werden sie auch als **variable Kosten** K_v bezeichnet; d.h. $K_v(x) = 1,8x; \; x \in R_0^+$. Insgesamt an Kosten K (in €) haben wir somit:

$$K(x) = 1,8x + 1\,200 \; ; x \in \mathbb{R}_0^+$$

Die **Stückkosten** betragen:

$$k(x) = \frac{K(x)}{x} = 1,8 + \frac{1\,200}{x} \; ; x \in \mathbb{R}^+$$

Die Stückkosten geben die Kosten pro Stück an. Ohne Berücksichtigung der Fixkosten betragen die sogenannten **variablen**

Stückkosten:

$$k_v(x) = \frac{K_v(x)}{x} = 1{,}8 \;\; ; x \in \mathbb{R}^+$$

Definition 6.5
Kosten = variable Kosten plus Fixkosten; d.h.

$$K(x) = K_v(x) + K_f(x) = x \cdot k_v(x) + K_f(x) = x \cdot k(x)$$

Beispiel 6.6 (Fortsetzung von Beispiel 6.4)
Nach der Betrachtung der Herstellung schauen wir uns jetzt den Verkauf an. Die Menge x ist jetzt die produzierte und abgesetzte Menge an Dönern.

- Produzieren und verkaufen wir pro Monat 1 500 Döner, so lautet der Gewinn:

$$2{,}5 \cdot 1\,500 - 1{,}8 \cdot 1\,500 - 1\,200 = 3\,750 - 3\,900 = -150$$

  d.h. werden pro Monat 1 500 Döner produziert und absetzt, so machen wir einen Verlust von 150 €.

- Produzieren und verkaufen wir hingegen pro Monat 1 800 Döner, so lautet der Gewinn:

$$2{,}5 \cdot 1\,800 - 1{,}8 \cdot 1\,800 - 1\,200 = 4\,500 - 4\,440 = 60$$

  d.h. werden pro Monat 1 800 Döner produziert und absetzt, so machen wir einen Gewinn von 60 €.

Der **Gewinn** ergibt sich also aus der Differenz von Umsatz minus Kosten:

$$G(x) = U(x) - K(x) = 0{,}7x - 1\,200; \;\; x \in \mathbb{R}_0^+$$

Definition 6.7
Gewinn = Umsatz minus Kosten; d.h.

$$G(x) = U(x) - K(x)$$

Der Definitionsbereich $\mathsf{D_G}$ einer Gewinnfunktion G lässt sich aufteilen in Mengen, in denen der Gewinn positiv ist und in Mengen, in denen der Gewinn negativ ist sowie in Mengen, in denen der Gewinn null beträgt:

Definition 6.8
Die Menge, aus der x sein darf, damit Gewinn gemacht wird, d.h. damit $G(x) > 0$ gilt, heißt **Gewinnzone** $= \{x \in D_G \mid G(x) > 0\}$. Hingegen wird die Menge, in der Verlust gemacht wird, d.h. $G(x) < 0$, als **Verlustzone** $= \{x \in D_G \mid G(x) < 0\}$ bezeichnet. Der Punkt, nach dem kein Verlust mehr gemacht wird, heißt auch **Gewinnschwelle** oder **Break-Even-Point**.

Beispiel 6.9 (Fortsetzung von Beispiel 6.6)
Ab welcher hergestellten und abgesetzten Stückzahl wird kein Verlust gemacht?

$$0 = 0{,}7x - 1\,200 \Leftrightarrow x = \frac{1\,200}{0{,}7} = 1\,714{,}3$$

d.h. ab $1\,714{,}3$ ME wird kein Verlust gemacht; d.h. der Break-Even-Point beträgt $1\,714{,}3$. Ferner ist die Gewinnzone das Intervall $(1\,714{,}3; +\infty)$.

Zusammengefasst haben wir für die produzierte Menge $x = 1\,500$ bzw. $x = 1\,800$ folgende Werte der ökonomischen Funktionen:

Out-put	Gesamt-kosten	Variable Kosten	Fix-kosten	Stück-kosten	variable Stück-kosten
1 500	3 900	2 700	1 200	2,60	1,80
1 800	4 440	3 240	1 200	2,47	1,80
x	$1{,}8x + 1\,200$	$1{,}8x$	1 200	$1{,}8 + \frac{1\,200}{x}$	1,80

Und weiter für die produzierte und abgesetzte Menge $x = 1\,500$ bzw. $x = 1\,800$:

Output	Preis	Umsatz
1 500	2,50	3 750
1 800	2,50	4 500
x	2,50	$2{,}5x$

Häufig wird in der Ökonomie mit Modellen von ökonomischen Funktionen gearbeitet. Aus den Modellen werden dann Erkenntnisse gewonnen, die in die Praxis umgesetzt werden können.

6 Funktionen einer reellen Variablen

Beispiel 6.10

Die Gesamtproduktionskosten K (in GE) eines Produkts betragen in Abhängigkeit der produzierten Menge (Ausbringungsmenge) x:

$$K(x) = x^3 - 9x^2 + 30x + 16$$

Aus Produktions-technischen Gründen können maximal zwölf Mengeneinheiten (ME) produziert werden:

$$x \in [0; 12]$$

Der Umsatz bzw. Erlös U beträgt:

$$U(x) = 24 \cdot x \ ; x \in [0; 12]$$

wobei x jetzt gleichzeitig die produzierten als auch die abgesetzten Mengeneinheiten bezeichnet.

Aus diesen Angaben können wir weitere interessierende ökonomische Funktionen berechnen. Subtrahieren wir von den Kosten die Fixkosten, so erhalten wir die variablen Kosten K_v:

$$K_v(x) = x^3 - 9x^2 + 30x \ ; x \in [0; 12]$$

Subtrahieren wir von den Kosten die variablen Kosten, so erhalten wir die fixen Kosten K_f:

$$K_f(x) = 16 \ ; x \in [0; 12]$$

Die Stückkosten k (auch Durchschnittskosten genannt) ergeben sich aus dem Quotienten von Kosten dividiert durch Menge:

$$k(x) = \frac{K(x)}{x} = x^2 - 9x + 30 + \frac{16}{x} \ ; x \in (0; 12]$$

Die variablen Stückkosten k_v (auch variable Durchschnittskosten genannt) ergeben sich aus dem Quotienten von variablen Kosten dividiert durch Menge:

$$k_v(x) = \frac{K_v(x)}{x} = x^2 - 9x + 30 \ ; x \in (0; 12]$$

Aus der ökonomischen Gleichung 6.3 berechnet sich der Verkaufspreis p (in GE) pro abgesetzte Mengeneinheit x wie folgt:

$$p(x) = \frac{U(x)}{x} = 24 \ ; x \in [0; 12]$$

Die Funktion $p(x)$ ist die Preis-Absatz Funktion.

Aus der ökonomischen Gleichung 6.7 ergibt sich der Gewinn G:

$$G(x) = 24x - \left(x^3 - 9x^2 + 30x + 16\right)$$

$$G(x) = -x^3 + 9x^2 - 6x - 16 \; ; x \in [0; 12]$$

Ist der Wert der Gewinnfunktion negativ, so sprechen wir auch von Verlust.

Wir werten den Umsatz, die Kosten und den Gewinn für die produzierte und abgesetzte Menge $x = 1$ bzw. $x = 5$ bzw. $x = 10$ aus:

x	1	5	10
$U(x)$	24	120	240
$K(x)$	38	66	416
$G(x)$	−14	54	−176

Um eine Funktion zeichnen zu können, ist eine Wertetabelle anzulegen. Dabei muss sichergestellt sein, dass die ausgewerteten Stellen in der Wertetabelle den interessierenden Bereich der Funktion abdecken. Das klappt nicht immer auf Anhieb.

Beispiel 6.11
Um den Graf der Funktion $f(x) = \dfrac{1}{3}x^3 - 4x$,$D_f = W_f = \mathbb{R}$ zeichnen zu können, werten wir die Funktion an den folgenden Stellen aus:

x	$-\sqrt{12}$	−3	−2	−1	0	1	2	3	$\sqrt{12}$
$f(x)$	0	3	$5,\overline{3}$	$3,\overline{6}$	0	$-3,\overline{6}$	$-5,\overline{3}$	−3	0

Grafik:

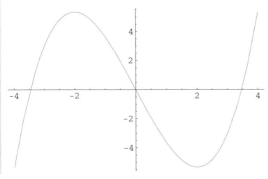

Beispiel 6.12
Eine Einproduktunternehmung geht von einer Kostenfunktion $K(x) = c + dx = 2 + 2x$ aus, wobei $K_f(x) = c = 2$ die Fixkosten, $k_v(x) = d = 2$ die variablen Stückkosten und x die produzierte

und abgesetzte Menge eines Gutes sind. Ferner wird zwischen der Menge x und dem Verkaufspreis p pro Mengeneinheit des Gutes eine Beziehung der Form $x = a - bp = 10 - p$ angegeben. Hier ist $a = 10$ die Absatzquantität für $p = 0$, also eine Sättigungsgrenze für den Absatz. Es gilt damit $x \in [0; a]$. Fällt der Preis p um eine Geldeinheit, so gibt b die dadurch verursachte Steigerung des Absatzes an. Wir haben also die Preis-Absatz Funktion: $x(p) = a - bp = 10 - p$, die uns zu einem vorgegeben Verkaufspreis p den Absatz x angibt. Wollen wir wissen, wie der Verkaufspreis p für eine vorgegebene Absatzmenge x aussieht, so interessieren wir uns für die umgekehrte Preis-Absatz Funktion:

$$p(x) = \frac{a - x}{b} = 10 - x \; ; x \in [0; 10]$$

Aus der Beziehung „Umsatz = Preis mal Absatz" (vgl. Definition 6.3) erhalten wir die Umsatz-/Erlösfunktion U in Abhängigkeit von x:

$$U(x) = p(x) \cdot x = \frac{a - x}{b} \cdot x = \frac{ax - x^2}{b} = 10x - x^2 \; ; x \in [0; 10]$$

Aus der Beziehung „Gewinn = Umsatz minus Kosten" (vgl. Definition 6.7) erhalten wir die Gewinnfunktion G:

$$G(x) = U(x) - K(x) = \frac{ax - x^2}{b} - c - dx = -x^2 + 8x - 2 \; ; x \in$$
$[0; 10]$

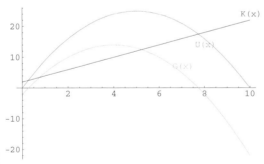

Aus dem Grafen der Gewinnfunktion $G(x) = -x^2 + 8x - 2$ erkennen wir, dass der Gewinn am größten im (Scheitel-)Punkt $x = 4$ ist. Der Wert $G(4) = 14$ GE wird deshalb auch als **Betriebsmaximum** bezeichnet.

Über die pq-Formel (vgl. Satz 6.31) erhalten wir für die Gewinnzone $\{x \in \mathsf{D}_G \mid G(x) > 0\}$ das Intervall $(0{,}26; 7{,}74)$. Als Verlustzone $\{x \in \mathsf{D}_G \mid G(x) < 0\}$ ergibt sich dann die Menge

$[0; 0{,}26) \cup (7{,}74; 10]$. Der Break-Even-Point liegt bei $x = 0{,}26$. Der Punkt $x = 7{,}74$ wird auch als **Gewinngrenze** bezeichnet.

Der Gewinn pro hergestellter und abgesetzter Mengeneinheit wird als „Stückgewinn" bezeichnet:

Definition 6.13
Stückgewinn = Gewinn geteilt durch Absatzmenge; d.h.

$$g(x) = \frac{G(x)}{x}$$

Beispiel 6.14
Gegeben sind folgende ökonomischen Funktionen:

Preis-Absatz Funktion $p(x) = 1\,000 - 0{,}5x$; $x \in [0; 2\,000]$

Kosten $K(x) = e^x \cdot 5x$; $x \in [0; +\infty)$

Dabei bezeichnet x die produzierte und abgesetzte Menge (in ME). Mehr als sechs ME können nicht produziert und abgesetzt werden. Gesucht ist der Stückgewinn.

$$U(x) = p(x) \cdot x = 1\,000x - 0{,}5x^2 \ ; x \in [0; 6]$$

$$G(x) = U(x) - K(x) = 1\,000x - 0{,}5x^2 - e^x \cdot 5x \ ; x \in [0; 6]$$

x	1	2	3	4	5	6
$G(x)$	985,9	1 924,1	2 694,2	2 900,0	1 277,2	−6 120,9

Der Stückgewinn lautet:

$$g(x) = \frac{G(x)}{x} = 1\,000 - 0{,}5x - 5e^x \ ; x \in (0; 6]$$

Wir werten den Stückgewinn an einigen Stellen aus:

x	1	2	3	4	5	6
$g(x)$	985,9	962,1	898,1	725,0	255,4	−1 020,1

Eine Produktionsfunktion beschreibt den Zusammenhang zwischen der herzustellenden Quantität x eines Gutes und der dazu erforderlichen Produktionsfaktoreinsatzmenge r (z. B. Arbeitszeit, Kapital,...).

Definition 6.15
Eine Funktion x mit der Funktionsgleichung $x(r) = a \cdot r^b$ wird als **Cobb-Douglas Produktionsfunktion** bezeichnet.

Frage: Wie ändert sich die produzierte Menge x, wenn wir die Produktionsfaktoreinsatzmenge r z.B. verdreifachen?

$$x(3r) = a \cdot (3r)^b = a \cdot 3^b \cdot r^b = 3^b \cdot x(r)$$

Antwort: Die Produktquantität wächst auf das 3^b-fache.

Beispiel 6.16
Die Produktionsfunktion $x(r) = 5 \cdot r^{0,98}$ ergibt $x = 231{,}19$ ME des Gutes, wenn wir $r = 50$ E des Produktionsfaktors einsetzen. Steigern wir jetzt die Faktoreinsatzmenge auf das Dreifache, also $r = 150$, so erhalten wir die produzierte Menge $x = 678{,}48 = 3^{0,98} \cdot 231{,}19$; d.h. durch die Steigerung erhalten wir das $3^{0,98}$-fache der ursprünglich produzierten Menge.

Formal haben wir hier die beiden Funktionen $g(r) = 3r$ und $x(r)$ „hintereinander geschaltet": Zuerst wird der Funktionswert $3r$ gebildet und anschließend wird der Funktionswert von $x(r)$ an der Stelle $3r$ berechnet. Es entsteht durch diese Verknüpfung der beiden Funktionen $x(r)$ und $g(r)$ eine neue Funktion:

$$x\left(g(r)\right) = x(3r) = 5 \cdot (3r)^{0,98} = 5 \cdot 3^{0,98} \cdot r^{0,98} = 14{,}674 \cdot r^{0,98}$$

Definition 6.17
Sind $g : \mathsf{A} \to \mathsf{B}$ und $f : \mathsf{B} \to \mathsf{C}$ Abbildungen, so heißt die Abbildung $f \circ g : \mathsf{A} \to \mathsf{C}$ mit $x \mapsto f\left(g(x)\right)$ die **Verknüpfung** oder **Hintereinanderschaltung** von g und f.

In der Definition 6.17 wird die Funktion g auch als **innere** Funktion der Verknüpfung $f \circ g$ bezeichnet, die Funktion f wird als **äußere** Funktion bezeichnet.

Beispiel 6.18
■ Seien g und f zwei Funktionen mit:

$$\left. \begin{array}{l} g : \mathbb{R} \to \mathbb{R} \text{ mit } g(x) = 2x + 3 \\ f : \mathbb{R} \to \mathbb{R} \text{ mit } f(y) = y^3 \end{array} \right\} \Rightarrow f \circ g : \mathbb{R} \to \mathbb{R} \text{ mit}$$

$$f\left(g(x)\right) = f(2x + 3) = (2x + 3)^3$$

■ Seien g und f zwei Funktionen mit:

$\left. \begin{array}{l} g : \mathbb{R} \to \mathbb{R} \text{ mit } g(x) = x^3 \\ f : \mathbb{R} \to \mathbb{R} \text{ mit } f(y) = 2y + 3 \end{array} \right\} \Rightarrow f \circ g : \mathbb{R} \to \mathbb{R} \text{ mit}$

$f\left(g(x)\right) = f(x^3) = 2x^3 + 3$

Verknüpfungen von Abbildungen benötigen wir, um später im Kapitel 7.1.2 mit Hilfe der Kettenregel ableiten/differenzieren zu können. Dazu müssen wir genau umgekehrt wie in Beispiel 6.18 vorgehen; d.h. aus einer gegebenen verknüpften Abbildung müssen wir die innere und die äußere Funktion erkennen.

Beispiel 6.19
Gesucht sind die beiden Abbildungen, deren Verknüpfung die Funktion h ergibt:

■ $h(x) = (5x - 7)^{13}$; $x \in \mathbb{R}$

Die innere Funktion ist: $g(x) = 5x - 7$

Die äußere Funktion ist: $f(y) = y^{13}$

Denn $f(g(x)) = (5x - 7)^{13}$

■ $h(x) = 2^{3x-4}$; $x \in \mathbb{R}$

Die innere Funktion ist: $g(x) = 3x - 4$

Die äußere Funktion ist: $f(y) = 2^y$

Denn $f(g(x)) = 2^{3x-4}$

■ $h(x) = \dfrac{1}{(6x - 5)^{28}}$; $x \in \mathbb{R} \backslash \{\frac{5}{6}\}$

Die innere Funktion ist: $g(x) = 6x - 5$

Die äußere Funktion ist: $f(y) = \dfrac{1}{y^{28}}$

Denn $f(g(x)) = \dfrac{1}{(6x - 5)^{28}}$

6.2   Spezielle Funktionen

In diesem Abschnitt betrachten wir spezielle Funktionen, die in der Ökonomie für Modelle herangezogen werden.

Definition 6.20
Eine Funktion f mit der Funktionsgleichung

$$f(x) = c$$

wird als **konstante Funktion** bezeichnet.

Beispiel 6.21
Fixkosten $K_f(x) = 2 \; ; x \geq 0$

Grafik:

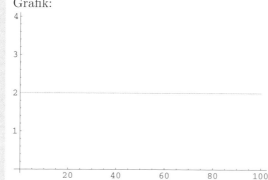

Definition 6.22
Eine Funktion f mit der Funktionsgleichung

$$f(x) = a + bx$$

wird als **lineare Funktion** oder als **Gerade** bezeichnet.

Beispiel 6.23
Preis-Absatz Funktion $p(x) = 750 - 0{,}75x \; ; x \in [0; 1000]$

Dabei ist der Wert $a = 750$ der so genannte **Prohibitionspreis**. Wird ein Verkaufspreis von 750 GE pro Stück angesetzt, so findet sich kein Käufer des Produkts; 750 GE sind also ein Preis, der zu verhindern ist, der möglichst nicht angesetzt werden sollte. Wird ferner der Absatz um eine ME gesteigert, so besagt die Steigung $b = -0{,}75$, dass dann der Verkaufspreis um 0,75 GE sinkt.

Grafik:

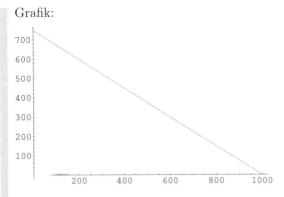

Betrachten wir die Umkehr Preis-Absatz Funktion $x(p) = 1000 - \frac{4}{3}p$, so ist $a = 1000$ die **Sättigungsgrenze**. Ein höherer Absatz als 1000 ME kann nicht erzielt werden. Wird ferner der Preis um eine GE gesteigert, so besagt die Steigung $b = -\frac{4}{3}$, dass dann der Absatz um $\frac{4}{3}$ ME sinkt.

Beispiel 6.24
Gesucht ist die Gerade, die durch die Punkte $(1\,;1,5)$ und $(3\,;4)$ verläuft.

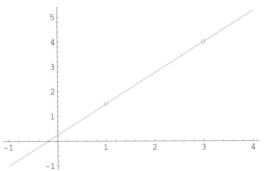

1. Lösungsweg:
Gleichungssystem:

I	$1,5 = a + b \cdot 1$	
II	$4 = a + b \cdot 3$	

$$\text{II} - \text{I} \quad 2,5 = 2 \cdot b \Leftrightarrow b = \frac{2,5}{2} = 1,25$$
$$\text{II} \quad 4 = a + 1,25 \cdot 3 \Leftrightarrow a = 4 - 3,75 = 0,25$$

d.h. die gesuchte Gerade ist $f(x) = 0,25 + 1,25 \cdot x$

2. Lösungsweg:
Steigungsdreieck:

$$b = \frac{f(3) - f(1)}{3 - 1} = \frac{4 - 1{,}5}{2} = 1{,}25$$

$$4 = a + 1{,}25 \cdot 3 \Leftrightarrow a = 4 - 3{,}75 = 0{,}25$$

d.h. die gesuchte Gerade ist $f(x) = 0{,}25 + 1{,}25 \cdot x$

Sind zwei Punkte des $\mathbb{R}^2$ bekannt, durch die eine Gerade verläuft, so ist die Gerade eindeutig festgelegt.

Definition 6.25
Eine Funktion f mit der Funktionsgleichung

$$f(x) = x^a$$

für ein $a \in \mathbb{R}$, wird als **Potenzfunktion** bezeichnet.

Beispiel 6.26
$f(x) = x^2$; $x \in \mathbb{R}$ (Parabel)

x	-3	-2	-1	0	1	2	3
$f(x)$	9	4	1	0	1	4	9

Grafik:

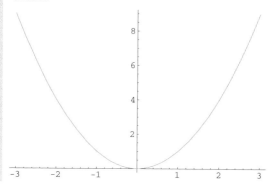

Mit der Parabel $f(x) = x^2$ aus dem Beispiel 6.26 werden wir uns in den nachfolgenden Kapiteln den Sachverhalt von mathematischen Sätzen veranschaulichen.

Beispiel 6.27
$f(x) = x^3$; $x \in \mathbb{R}$
Grafik:

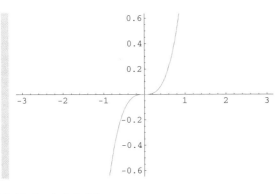

Beispiel 6.28

Die Produktionsfunktion

$$x(r) = 5 \cdot \sqrt{r} \; ; r \geq 0$$

und die Cobb-Douglas Produktionsfunktion

$$x(r) = 5 \cdot r^{0,98} \; ; r \geq 0$$

sind Potenzfunktionen.

Definition 6.29

Eine Funktion f mit der Funktionsgleichung

$$f(x) = a_n x^n + a_{n-1} x^{n-1} + \ldots + a_1 x + a_0$$

$a_n \neq 0; n \in \mathbb{N}_0; a_0, a_1, \ldots a_n \in \mathbb{R}$, heißt **Polynom** n-ten Grades.

Beispiel 6.30

- Gewinn $G(x) = -x^2 + 8x - 2; x \in [0; 10]$

  $G(x)$ ist ein Polynom zweiten Grades

- Kosten $K(x) = x^3 + \sqrt{7} \cdot x + 100 \; ; x \geq 0$

  $K(x)$ ist ein Polynom dritten Grades

- Fixkosten $K_f(x) = 2 \; ; x \in [0; \infty)$

  $K_f(x)$ ist ein Polynom nullten Grades

- Preis-Absatz Funktion $p(x) = 750 - 0,75x; x \in [0; 1\,000]$

  $p(x)$ ist ein Polynom ersten Grades

- Kein Polynom ist z.B. $f(x) = -\frac{1}{3}x^3 - 4x + \sqrt{x}$; da x mit der Potenz $\frac{1}{2} \notin \mathbb{N}$ vorkommt.

6 Funktionen einer reellen Variablen

■ Polynome ersten Grades sind Geraden.

■ Polynome nullten Grades sind konstante Funktionen.

Uns interessiert die Frage, wie viele Nullstellen ein Polynom n-ten Grades hat. Nullstellen von Polynomen zweiten Grades lassen sich bestimmen mit Hilfe der pq-Formel:

Satz 6.31 (pq-Formel)
$$x^2 + px + q = 0$$
$$\Leftrightarrow x = -\frac{p}{2} \pm \sqrt{\frac{p^2}{4} - q}$$

Oder mit der abc-Formel:

Satz 6.32 (abc-Formel)
$$ax^2 + bx + c = 0$$
$$\Leftrightarrow x = \frac{-b \pm \sqrt{b^2 - 4ac}}{2a}$$

Um zu sehen, wie viele Nullstellen ein Polynom zweiten Grades hat, werden wir drei verschiedene Polynome betrachten.

Beispiel 6.33
■ Mit der pq-Formel ergeben sich die zwei Nullstellen $x = -2$ und $x = -3$ für das Polynom $f(x) = x^2 + 5x + 6$; $x \in \mathbb{R}$.

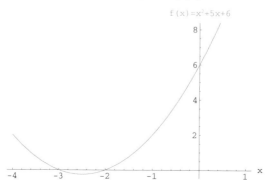

■ Mit der *pq*-Formel ergibt sich eine Nullstelle, nämlich $x = -2{,}5$ für das Polynom $f(x) = x^2 + 5x + 6{,}25$; $x \in \mathbb{R}$.

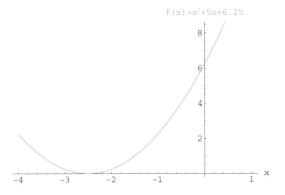

■ Gemäß der *pq*-Formel ergibt sich für das Polynom $f(x) = x^2 + 5x + 7$; $x \in \mathbb{R}$, dass f keine Nullstelle hat.

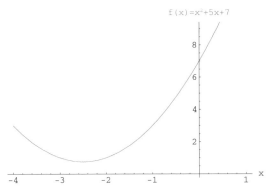

Fazit: Ein Polynom zweiten Grades hat höchstens zwei reellwertige Nullstellen. Allgemein gilt:

Satz 6.34
Ein Polynom n-ten Grades hat höchstens n reellwertige Nullstellen.

Beispiel 6.35
Wir suchen die Nullstellen des Polynoms dritten Grades:

$$f(x) = 6x^3 - 18x^2 + 12x \; ; x \in \mathbb{R}$$

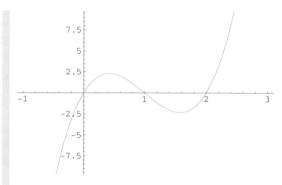

Aus der Grafik ist ersichtlich, dass f drei Nullstellen hat. Um diese Nullstellen rechnerisch zu bestimmen, müssen wir folgende Gleichung nach x auflösen:

$$0 = 6x^3 - 18x^2 + 12x$$

Diese Gleichung dritten Grades lässt sich mit den bekannten Verfahren zum Lösen von Gleichungen zweiten Grades lösen, indem wir den Faktor $6x$ ausklammern:

$$0 = 6x^3 - 18x^2 + 12x = 6x(x^2 - 3x + 2)$$

Ein Produkt hat genau dann den Wert Null, wenn mindestens einer der beiden Faktoren den Wert Null hat. Also muss hier $6x = 0$ gelten und/oder $x^2 - 3x + 2 = 0$. Dann können wir die Nullstelle $x = 0$ ablesen. Weitere Nullstellen finden wir mit der pq-Formel wie folgt:

$$x^2 - 3x + 2 = 0 \Leftrightarrow x = \frac{3}{2} \pm \sqrt{\frac{9}{4} - 2} = \frac{3}{2} \pm \sqrt{\frac{1}{4}};$$

d.h. $x = 1$ oder $x = 2$.

Zusammengefasst sind die Nullstellen des Polynoms $x = 0$ und $x = 1$ und $x = 2$.

Mit Hilfe der gefundenen Nullstellen lässt sich ein Polynom als Produkt mehrerer Faktoren schreiben, indem die Faktoren „x minus Nullstelle" ausgeklammert werden.

Beispiel 6.36

■ Das Polynom zweiten Grades $f(x) = x^2 + 5x + 6$; $x \in \mathbb{R}$ hat die beiden Nullstellen $x = -2$ und $x = -3$. Ausklammern ergibt:

$$f(x) = (x - 1. \text{ Nullstelle})(x - 2. \text{ Nullstelle})$$

$$f(x) = x^2 + 5x + 6 = (x - (-2)) \cdot (x - (-3)) = (x+2)(x+3)$$

■ Das Polynom dritten Grades $f(x) = 6x^3 - 18x^2 + 12x$; $x \in$ $\mathbb{R}$ hat die drei Nullstellen $x = 0$ und $x = 1$ und $x = 2$. Ausklammern ergibt:

$f(x)$ = $6(x$ − 1. Nullstelle$)(x$ − 2. Nullstelle$)(x$ − 3. Nullstelle$)$;

d.h. $f(x) = 6(x - 0)(x - 1)(x - 2)$;

d.h. $f(x) = 6x(x - 1)(x - 2)$

Wichtig beim Zerlegen in ein Produkt ist es, ebenfalls den ausgeklammerten Faktor 6 mitzuführen.

■ Das Polynom zweiten Grades $f(x) = x^2 - 7$; $x \in \mathbb{R}$ hat die beiden Nullstellen $x = -\sqrt{7}$ und $x = \sqrt{7}$. Ausklammern ergibt:

$$f(x) = \left(x - \sqrt{7}\right)\left(x + \sqrt{7}\right)$$

Satz 6.37 (Faktorisieren)
Haben wir eine Nullstelle x_0 eines Polynoms $P(x)$ gefunden, so lässt sich $P(x)$ auch wie folgt schreiben:

$$P(x_0) = 0 \Rightarrow P(x) = (x - x_0) \cdot (b_{n-1}x^{n-1} + \ldots + b_1 x + b_0)$$

Dieses Zerlegen eines Polynoms in Faktoren mit Hilfe seiner Nullstellen wird als **Faktorisieren** bezeichnet.

Beispiel 6.38
Wir setzen das Beispiel 6.36 fort. Nehmen wir die Nullstelle $x_0 = 2$, so lässt sich das Polynom $6x^3 - 18x^2 + 12x$ auch wie folgt schreiben: $6x^3 - 18x^2 + 12x = (x - 2)(6x^2 - 6x)$. Der zweite Faktor $6x^2 - 6x$ lässt sich mit Hilfe der **Polynomdivision** berechnen:

$$
\begin{array}{l}
(6x^3 - 18x^2 + 12x) : (x - 2) = 6x^2 - 6x \\
\underline{-(6x^3 - 12x^2)} \\
\qquad - 6x^2 + 12x \\
\qquad \underline{-(-6x^2 + 12x)} \\
\qquad\qquad 0
\end{array}
$$

Beispiel 6.39
Das Polynom zweiten Grades: $f(x) = 2x^2 + 10x - 28$; $x \in \mathbb{R}$ besitzt die beiden Nullstellen $x = -7$ und $x = 2$. Somit lässt sich das Polynom wie folgt faktorisieren:

$$f(x) = 2(x + 7)(x - 2)$$

Beispiel 6.40
Das Polynom zweiten Grades: $f(x) = -3x^2 + 6x + 9; x \in \mathbb{R}$ besitzt die beiden Nullstellen $x = -1$ und $x = 3$. Somit lässt sich das Polynom wie folgt faktorisieren:

$$f(x) = -3(x+1)(x-3)$$

Definition 6.41
Sind $P(x)$ und $Q(x)$ Polynome, so heißt der Quotient f der beiden Polynome mit der Funktionsgleichung

$$f(x) = \frac{P(x)}{Q(x)}$$

rationale Funktion.

Für den Definitionsbereich einer rationalen Funktion $f(x) = \frac{P(x)}{Q(x)}$ gilt:

$$\mathsf{D}_f = \mathbb{R} \backslash \{x \in \mathbb{R} \mid Q(x) = 0\}.$$

Beispiel 6.42
Die Stückkosten $k(x) = \dfrac{K(x)}{x} = \dfrac{2x+2}{x}, x \in (0; 10]$ sind eine rationale Funktion.

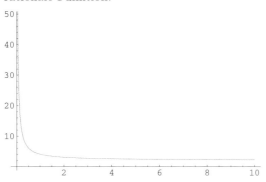

Beispiel 6.43
Ebenso   ist   die   Kosten-Umsatz-Relation $\dfrac{K(x)}{U(x)}$ $=$

$\dfrac{2+2x}{10x - x^2}; \; x \in (0; 10)$ eine rationale Funktion:

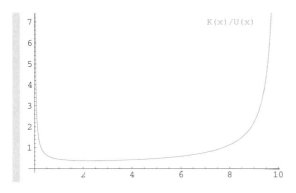

Definition 6.44

Eine Funktion f mit der Funktionsgleichung

$$f(x) = a^x$$

für ein $a \in \mathbb{R}^+\backslash\{1\}$, heißt **Exponentialfunktion**.

Beispiel 6.45

$f(x) = 2^x; x \in \mathbb{R}$

x	-2	-1	0	1	2
2^x	0,25	0,5	1	2	4

$g(x) = \left(\frac{1}{2}\right)^x; x \in \mathbb{R}$

x	-2	-1	0	1	2
$\left(\frac{1}{2}\right)^x$	4	2	1	0,5	0,25

Grafiken:

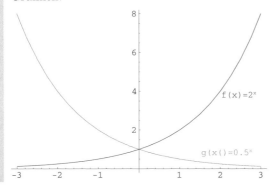

6 Funktionen einer reellen Variablen

Eine wichtige Exponentialfunktion ist das Potenzieren zur Basis e. Falls Ihr Taschenrechner keine $\boxed{e}$ - Taste besitzt, so sollten Sie sich umgehend (und nicht erst kurz vor der Klausur) einen neuen Taschenrechner kaufen. Die $\boxed{e}$ - Taste benötigen wir zum Beispiel zur Berechnung des Endkapitals bei der stetigen Verzinsung.

Beispiel 6.46
$h(x) = e^x; x \in \mathbb{R}$

x	-2	-1	0	1	2
e^x	0,14	0,37	1	2,72	7,39

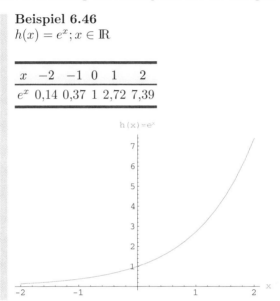

Beispiel 6.47
Das Bruttonationaleinkommen $f(t) = 1{,}03^t \cdot f(0)$ einer Volkswirtschaft zum Zeitpunkt $t \in \mathbb{R}^+$, wobei t die Zeit bezeichnet und $f(0) = 5$ beträgt, ist eine Exponentialfunktion.

Definition 6.48
Eine Funktion f mit der Funktionsgleichung

$$f(x) = \log_a x$$

für ein $a \in \mathbb{R}^+\backslash\{1\}$ heißt **Logarithmusfunktion.**

Beispiel 6.49
$f(x) = \ln(x); x \in \mathbb{R}^+$

x	$\frac{1}{8}$	$\frac{1}{2}$	1	2	3
$\ln(x)$	$-2{,}08$	$-0{,}69$	0	0,69	1,10

Grafik:

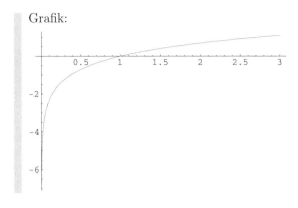

Auf einem Taschenrechner sind häufig nur der Logarithmus zur Basis e und der Logarithmus zur Basis Zehn abrufbar. Der Logarithmus zur Basis e heißt **natürlicher Logarithmus**, statt $\log_e b$ schreiben wir kurz $\ln(b)$ oder $\ln b$. Der Logarithmus zur Basis Zehn heißt **Zehnerlogarithmus**, statt $\log_{10} b$ schreiben wir kurz $\log(b)$ oder $\log b$ oder $\lg b$. Ein Logarithmus $\log_a b$ zu einer beliebigen Basis a kann mit Hilfe des natürlichen Logarithmus oder mit Hilfe des Zehnerlogarithmus wie folgt berechnet werden:

Satz 6.50 (Umrechnungsformel für Logarithmen)
Für die reellen Zahlen $a \in \mathbb{R}^+ \backslash \{1\}$ und $b \in \mathbb{R}^+$ gilt:

- $\log_a b = \dfrac{\ln b}{\ln a}$

- $\log_a b = \dfrac{\log b}{\log a}$

So gilt zum Beispiel:

Beispiel 6.51
Mit der Umrechnungsformel 6.50 ergibt sich:

$$\log_2 512 = \frac{\ln 512}{\ln 2} = \frac{6{,}2383}{0{,}6931} = 9$$

Machen wir die Probe: $2^9 = 512$

Für das Rechnen mit Logarithmen benötigen wir folgende Logarithmusgesetze:

> **Satz 6.52 (Logarithmusgesetze)**
> I. Log-Gesetz $\log_a(u \cdot v) = \log_a(u) + \log_a(v)$
> II. Log-Gesetz $\log_a(\frac{u}{v}) \quad = \log_a(u) - \log_a(v)$
> III. Log-Gesetz $\log_a(u^r) \quad = r \cdot \log_a(u)$

Laufzeiten eines Kapitals werden in der Finanzmathematik (siehe Arrenberg [2]) mit Hilfe des Logarithmus berechnet.

Beispiel 6.53
Nach wie vielen Jahren übersteigt das Guthaben einer Spareinlage von 1 000 € zu 6% Zinseszinsen p.a. erstmals das Guthaben einer Spareinlage von 2 000 € zu 2% Zinseszinsen p.a.?

Lösung
Nehmen wir an, es handelt sich um nachschüssige Zinsen. Dann betragen die beiden Guthaben nach n Jahren:

$1\,000 \cdot 1{,}06^n$ und $2\,000 \cdot 1{,}02^n$

Wir suchen zunächst dasjenige n, für das beide Guthaben gleich groß sind:

$$1\,000 \cdot 1{,}06^n = 2\,000 \cdot 1{,}02^n \quad | \div 1\,000$$
$$1{,}06^n = 2 \cdot 1{,}02^n \quad | \div 1{,}02^n$$

$$\frac{1{,}06^n}{1{,}02^n} = 2 \qquad | \text{ Potenzrechnung}$$

$$\left(\frac{1{,}06}{1{,}02}\right)^n = 2$$

$$1{,}039\,216^n = 2 \qquad | \text{ Definition des Logarithmus}$$

$$n = \log_{1{,}039\,216} 2 \quad | \text{ Umrechnungsformel 6.50}$$

$$n = \frac{\ln 2}{\ln 1{,}039\,216}$$

$$n = 18{,}019\,6$$

d.h. 18 Jahre reichen nicht aus; d.h. nach 19 Jahren ist das Guthaben der Anlage von 1 000 € erstmals größer als das Guthaben der Anlage über 2 000 €.

Probe:

$1\,000 \cdot 1{,}06^{18} = 2\,854{,}34 < 2\,856{,}49 = 2\,000 \cdot 1{,}02^{18}$
$1\,000 \cdot 1{,}06^{19} = 3\,025{,}60 > 2\,913{,}62 = 2\,000 \cdot 1{,}02^{19}$

Die Logarithmus-Funktion $\ln(x)$ ist die Umkehrfunktion von e^x. Das bedeutet, zeichnerisch erhalten wir den Grafen von $\ln(x)$ durch eine Spiegelung von e^x an der gestrichelt eingezeichneten Winkelhalbierenden:

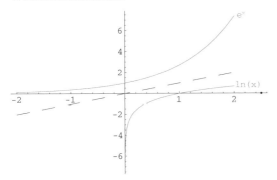

Und rechnerisch gilt $\ln(e) = 1$. Diese Erkenntnis führt zum Lösen von Gleichungen, in denen e^x vorkommt.

Beispiel 6.54
Ein Parkhaus mit 1 500 Stellplätzen wird neu eröffnet. Das Wachstum an Kunden in Abhängigkeit der Zeit t (in Monaten) soll durch die folgende Funktion beschrieben werden:

$$f(t) = 1\,500(1 - e^{-k \cdot t}) \;; t \geq 0$$

Wie ist der Wert von k zu wählen, wenn nach einem Monat 75 Kunden das Parkhaus nutzen?

$$
\begin{aligned}
75 &= 1\,500(1 - e^{-k \cdot 1}) \quad | \div 1\,500 \\
\tfrac{75}{1\,500} &= 1 - e^{-k} \quad\quad\quad | +e^{-k} - \tfrac{75}{1\,500} \\
e^{-k} &= 1 - \tfrac{75}{1\,500} \quad\quad | \ln \\
\ln\left(e^{-k}\right) &= \ln\left(1 - \tfrac{75}{1\,500}\right) \quad | \text{ III. Log-Gesetz aus Satz 6.52} \\
-k \cdot \ln(e) &= \ln\left(1 - \tfrac{75}{1\,500}\right) \quad | \cdot(-1) \\
k &= -\ln\left(1 - \tfrac{75}{1\,500}\right) = -\ln 0{,}95 = 0{,}05129
\end{aligned}
$$

Mit diesen sieben verschiedenen speziellen Funktionen werden wir ökonomische Modelle beschreiben. Dabei haben Polynome eine Vorrangstellung. Das liegt nicht daran, dass Polynome so „gut" sind, sondern daran, dass Polynome einfach zu handhaben sind.

6.3　Eigenschaften von Funktionen

Die Begriffe Monotonie und Beschränktheit lassen sich von Folgen auf Funktionen übertragen.

Definition 6.55
Gegeben seien eine Funktion f und das Intervall I mit I $\subset$ D_f. Dann heißt f **monoton steigend** bzw. **streng monoton steigend** auf I, wenn für alle $x_1, x_2 \in$ I gilt:

$$x_1 < x_2 \Rightarrow f(x_1) \leq f(x_2) \text{ bzw. } f(x_1) < f(x_2)$$

Und f heißt **monoton fallend** bzw. **streng monoton fallend** auf I, wenn für alle $x_1, x_2 \in$ I gilt:

$$x_1 < x_2 \Rightarrow f(x_1) \geq f(x_2) \text{ bzw. } f(x_1) > f(x_2)$$

Beispiel 6.56
Aus der Grafik im Beispiel 6.26 ist ersichtlich, dass die Funktion $f(x) = x^2; x \in \mathbb{R}$ auf $(-\infty; 0]$ streng monoton fallend und auf $[0; \infty)$ streng monoton steigend ist.

Definition 6.57
Eine Funktion f heißt

[1] **nach oben beschränkt**, falls es ein $c \in \mathbb{R}$ gibt mit $f(x) \leq c$ für alle $x \in D_f$;

[2] **nach unten beschränkt**, falls es ein $c \in \mathbb{R}$ gibt mit $f(x) \geq c$ für alle $x \in D_f$;

[3] **beschränkt**, falls f nach oben und nach unten beschränkt ist.

Beispiel 6.58
Ebenso ist aus der Grafik im Beispiel 6.26 ersichtlich, dass die Funktion $f(x) = x^2; x \in \mathbb{R}$ nach unten beschränkt ist durch $c = 0$.

6.4   Grenzwert von Funktionen

Wir wollen uns jetzt mit dem Begriff „Grenzwert" befassen, den wir insb. für die Erklärung von Ableitungen benötigen. Als wir im Kapitel 6.2 spezielle Funktionen betrachtet haben, mussten wir z.B. bei rationalen Funktionen (Quotient zweier Polynome) diejenigen reellen Zahlen als Definitionsbereich ausschließen, für die der Nenner null betrug. So ist zum Beispiel der Term $\frac{1}{x-1}$ für $x = 1$ nicht definiert; d.h. die reelle Zahl Eins gehört nicht zum

Definitionsbereich der Funktion $f(x) = \frac{1}{x-1}$; d.h. der Funktionswert von f an der Stelle $x_0 = 1$ lässt sich nicht berechnen. Aber wie verhält sich die Funktion in der Nähe von $x_0 = 1$?

Beispiel 6.59
Gegeben sei die Funktion $f(x) = \dfrac{1}{x-1}, x \in \mathbb{R}\backslash\{1\}$.

Frage: Was passiert mit dem Grafen in der Nähe von $x_0 = 1$?

Um diese Frage zu beantworten, betrachten wir die beiden Folgen:

$a_n = 1 - \dfrac{1}{n}$ nähert sich von links der Zahl Eins

$b_n = 1 + \dfrac{1}{n}$ nähert sich von rechts der Zahl Eins

Für die Folgen der Funktionswerte gilt:

n	10	100	1000
a_n	$\frac{9}{10}$	$\frac{99}{100}$	$\frac{999}{1000}$
$f(a_n)$	-10	-100	-1000

n	10	100	1000
b_n	$\frac{11}{10}$	$\frac{101}{100}$	$\frac{1001}{1000}$
$f(b_n)$	10	100	1000

Die Folge $f(a_n) = \frac{1}{(1-\frac{1}{n})-1} = -n$ strebt mit wachsendem n gegen $-\infty$. Und die Folge $f(b_n) = \frac{1}{(1+\frac{1}{n})-1} = n$ strebt mit wachsendem n gegen $+\infty$. Also werden die Funktionswerte von f links von $x_0 = 1$ beliebig klein, und rechts von $x_0 = 1$ beliebig groß.

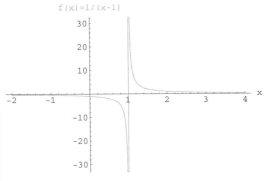

Die Stelle $x_0 = 1$ wird auch als **Pol** bezeichnet.

Beispiel 6.60

Gegeben sei die Funktion $f(x) = \dfrac{x^2 - 1}{x - 1}, x \in \mathbb{R}\backslash\{1\}$.

Frage: Was passiert mit dem Grafen in der Nähe von $x_0 = 1$?

Um diese Frage zu beantworten, betrachten wir wieder die beiden Folgen:

$a_n = 1 - \dfrac{1}{n}$ nähert sich von links der Zahl Eins

$b_n = 1 + \dfrac{1}{n}$ nähert sich von rechts der Zahl Eins

Für die Folgen der Funktionswerte gilt:

n	10	100	1000
a_n	$\frac{9}{10}$	$\frac{99}{100}$	$\frac{999}{1000}$
$f(a_n)$	1,9	1,99	1,999

n	10	100	1000
b_n	$\frac{11}{10}$	$\frac{101}{100}$	$\frac{1001}{1000}$
$f(b_n)$	2,1	2,01	2,001

Die Folge $f(a_n)$ strebt mit wachsendem n gegen 2. Ebenso strebt die Folge $f(b_n)$ mit wachsendem n gegen 2. Also betragen die Funktionswerte links vor $x_0 = 1$ nahezu Zwei, und rechts nach $x_0 = 1$ betragen die Funktionswerte ebenfalls nahezu Zwei.

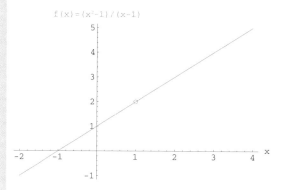

Für den aufmerksamen Betrachter stellt sich hier die Frage, wieso der Graf eine Gerade ist. Die Antwort liegt verborgen in der Anwendung der dritten binomischen Formel:

$$a^2 - b^2 = (a - b)(a + b)$$

Das bedeutet, der Zähler der rationalen Funktion $f(x) = \dfrac{x^2 - 1}{x - 1}$ lässt sich durch Faktorisieren auch schreiben als:

$$x^2 - 1 = (x - 1)(x + 1)$$

Kürzen wir durch den Term $(x - 1)$, so haben wir:

$$f(x) = \frac{x^2 - 1}{x - 1} = \frac{(x - 1)(x + 1)}{x - 1} = \frac{x + 1}{1} = x + 1 \; ; x \in \mathbb{R}\backslash\{1\}$$

Und bekanntlich ist $f(x) = x + 1 \; ; x \in \mathbb{R}\backslash\{1\}$ eine Gerade mit einer Lücke an der Stelle $x_0 = 1$.

Die Stelle $x_0 = 1$ wird auch als **Definitionslücke** bezeichnet. Die Definitionslücke hat die Koordinaten (1;2). Der Wert 2 wird in diesem Zusammenhang als „Grenzwert" oder „Limes" der Funktion f an der Stelle $x_0 = 1$ bezeichnet; d.h. beim Gang der x-Werte an die Grenze $x_0 = 1$ streben die zugehörigen Funktionswerte gegen den Wert Zwei.

Definition 6.61
Wenn für alle Folgen $(x_n)_{n\in\mathbb{N}}$ mit $\lim\limits_{n\to\infty} x_n = x_0$ die zugehörigen Folgen der Funktionswerte $(f(x_n))$ gegen einen konstanten Wert $b \in \mathbb{R}$ konvergieren, so heißt b der **Grenzwert** von f bei Annäherung von x an x_0. Wir schreiben:

$$\lim\limits_{x\to x_0} f(x) = b$$

Typisch sind bei der Suche nach Grenzwerten von Funktionen zwei Verhaltensmuster: Entweder es tritt im Grafen der Funktion eine Lücke auf, die sich problemlos schließen ließe, d.h. die beiden Funktionsäste könnten sich quasi die Hand geben. In der Mathematik wird eine solche Stelle im Grafen als Definitionslücke (vgl. Beispiel 6.60) bezeichnet. Oder aber die beiden Enden der Funktionsäste verlaufen in völlig entgegengesetzte Richtungen. In der Mathematik wird eine solche Stelle des Grafen als Polstelle (vgl. Beispiel 6.59) bezeichnet.

Beispiel 6.62
- Der Grenzwert im Beispiel 6.59 existiert nicht:

$$\lim\limits_{x\to 1} \frac{1}{x - 1} \text{ existiert nicht}$$

- Für den Grenzwert aus Beispiel 6.60 gilt:

$$\lim\limits_{x\to 1} \frac{x^2 - 1}{x - 1} = 2$$

Der Grenzwert einer rationalen Funktion lässt sich in höchstens drei Schritten bestimmen:

Beispiel 6.63

Wir suchen den folgenden Grenzwert:

$$\lim_{x \to 1} \frac{2x^2 + 4x - 6}{x - 1} = ?$$

[1] Erster Versuch: Wir setzen $x_0 = 1$ im Zähler und im Nenner ein. Der Nenner beträgt dann null; d.h. das <u>Einsetzen</u> klappt nicht, da wir nicht durch Null dividieren können.

[2] Zweiter Versuch: Wir versuchen zu <u>kürzen</u>. Da bekanntlich Summen nicht gekürzt werden können, sondern nur Produkte, müssen wir den Zähler und den Nenner erst einmal faktorisieren. Faktorisieren des Zählers ergibt:

$$2x^2 + 4x - 6 = 2(x - 1)(x + 3)$$

Der Nenner muss nicht faktorisiert werden: $(x - 1)$
Erst Kürzen und dann Einsetzen ergibt:

$$\lim_{x \to 1} \frac{2x^2 + 4x - 6}{x - 1} = \lim_{x \to 1} \frac{2(x - 1)(x + 3)}{x - 1} = \lim_{x \to 1} 2(x + 3) = 2 \cdot 4 = 8$$

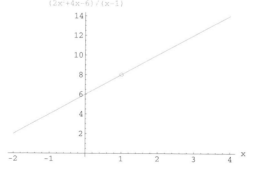

Der Grenzwert ließ sich in den zwei Schritten bestimmen.

[3] Sollte der zweite Schritt mit dem Kürzen nicht den gesuchten Grenzwert liefern, so muss im dritten und letzten Schritt eine <u>Wertetabelle</u> erstellt werden.

Im nachfolgenden Beispiel lässt sich kein Term herauskürzen, so dass der Grenzwert der rationalen Funktion anhand einer Wertetabelle bestimmt werden muss.

Beispiel 6.64

Wir suchen den folgenden Grenzwert:

$$\lim_{x \to 3} \frac{1}{x - 3} = ?$$

[1] Erster Versuch: Einsetzen von $x_0 = 3$. Klappt nicht, da im Nenner eine Null steht.

[2] Zweiter Versuch: Kürzen. Klappt nicht, hier gibt es nichts zum Kürzen.

[3] Dritter Versuch: Wertetabelle

x	2,9	2,99	2,999
$\frac{1}{x-3}$	-10	-100	$-1\,000$

x	3,001	3,01	3,1
$\frac{1}{x-3}$	$1\,000$	100	10

d.h. nähern wir uns von links an $x_0 = 3$, so streben die Funktionswerte gegen $-\infty$. Nähern wir uns von rechts an $x_0 = 3$, so streben die Funktionswerte gegen $+\infty$.

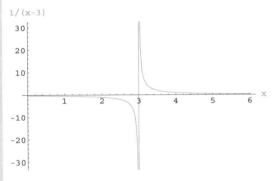

Zusammengefasst bedeutet das, der Grenzwert existiert nicht:

$$\lim_{x \to 3} \frac{1}{x - 3} = \text{existiert nicht}$$

Für Grenzwerte von Funktionen gelten dieselben Rechenregeln wie für Grenzwerte von Folgen.

Satz 6.65 (Grenzwertsätze)

Seien f, g zwei Funktionen mit geeigneten Definitionsbereichen. Dann gilt, sofern die Grenzwerte $\lim\limits_{x \to x_0} f(x) = a$ und $\lim\limits_{x \to x_0} g(x) = b$ existieren, Folgendes:

$$\lim_{x \to x_0} (f(x) + g(x)) = \lim_{x \to x_0} f(x) + \lim_{x \to x_0} g(x) = a + b$$

$$\lim_{x \to x_0} (f(x) - g(x)) = \lim_{x \to x_0} f(x) - \lim_{x \to x_0} g(x) = a - b$$

$$\lim_{x \to x_0} (f(x) \cdot g(x)) = \left(\lim_{x \to x_0} f(x) \right) \cdot \left(\lim_{x \to x_0} g(x) \right) = a \cdot b$$

$$\lim_{x \to x_0} \frac{f(x)}{g(x)} = \frac{\lim_{x \to x_0} f(x)}{\lim_{x \to x_0} g(x)} = \frac{a}{b} ; g(x) \neq 0, b \neq 0$$

Beispiel 6.66

Gesucht: $\lim_{x \to 1} (3x + x^2) = ?$

$$\left. \begin{array}{l} \lim_{x \to 1} 3x = 3 \\ \lim_{x \to 1} x^2 = 1 \end{array} \right\} \Rightarrow \lim_{x \to 1} (3x + x^2) = 3 + 1 = 4$$

Wie sich Grenzwerte von Funktionen mit Hilfe ihrer Ableitungen bestimmen lassen, werden wir später mit Satz 7.14 (Regel de l'Hôpital) kennen lernen.

6.5   Stetigkeit

Als wir Grenzwerte von Funktionen betrachtet haben, interessierte uns überwiegend die Frage, wie sich der Graf einer Funktion in der Nähe einer Stelle x_0 verhält, an der die Funktion selbst nicht definiert ist.

Grenzwerte lassen sich auch für Stellen berechnen, an denen die Funktion definiert ist, aber das ist häufig nicht so spannend.

Beispiel 6.67

Gesucht: $\lim_{x \to 5} \frac{1}{x - 3} = ?$

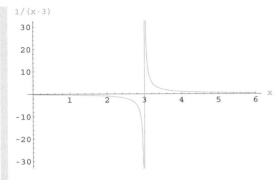

Einsetzen von $x_0 = 5$ ergibt sofort die Lösung:

$$\lim_{x \to 5} \frac{1}{x-3} = \frac{1}{5-3} = 0{,}5$$

In diesem Abschnitt werden wir uns mit den Begriff „Stetigkeit" befassen. Dazu betrachten wir den Grenzwert einer Funktion ausschließlich nur an den Stellen, die zum Definitionsbereich gehören.

Beispiel 6.68 (Quelle: Opitz [6])

[1] Beträgt der Stundenlohn eines Arbeiters 35 GE, so gibt die Funktion $f(x) = 35x$ den Wochenlohn an, wenn x die geleisteten Arbeitsstunden bezeichnet.

Wertetabelle:

x	0	36
$f(x)$	0	1260

Grafik:

Der Grenzwert an beispielsweise der Stelle $x_0 = 36$ beträgt:

$$\lim_{x \to 36} f(x) = \lim_{x \to 36} 35x = 35 \cdot 36 = 1\,260$$

[2] Werden Überstunden (das sind die über dem Soll von 36 Stunden zusätzlich geleisteten Stunden) mit 50 GE pro Stunde bezahlt, so gibt die Funktion $g(x)$ den Wochenlohn an:

$$g(x) = \begin{cases} 35x & ; x \leq 36 \\ 1260 + 50(x - 36) & ; x > 36 \end{cases}$$

Nach Auflösen der Klammern:

$$g(x) = \begin{cases} 35x & ; x \leq 36 \\ 50x - 540 & ; x > 36 \end{cases}$$

Wertetabelle:

x	0	36	37	38	46
$g(x)$	0	1260	1310	1360	1760

Der Graf setzt sich zusammen aus zwei Geraden, die direkt aneinander anschließen, jedoch unterschiedliche Steigungen haben. Vor $x_0 = 36$ beträgt die Steigung 35, und nach $x_0 = 36$ beträgt die Steigung 50. Die Grafik sieht wie folgt aus:

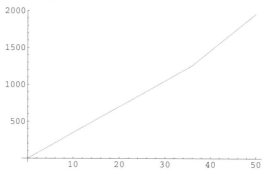

Da die Funktion g vor und nach $x_0 = 36$ zwei unterschiedliche Funktionsgleichungen besitzt, müssen wir für den Grenzwert an der Stelle $x_0 = 36$ einmal von links kommend den Grenzwert berechnen und einmal von rechts kommend. Dieses Annähern von links an die Stelle $x = 36$ drücken wir mit dem linksseitigen Grenzwert aus:

$$\lim_{x \uparrow 36} g(x) = \lim_{x \uparrow 36} 35x = 35 \cdot 36 = 1\,260$$

Und das Annähern von rechts an die Stelle $x = 36$ drücken wir mit dem rechtsseitigen Grenzwert aus:

$$\lim_{x \downarrow 36} g(x) = \lim_{x \downarrow 36} (1260 + 50(x - 36)) = 1260 + 50(36 - 36) = 1\,260$$

Wir stellen fest, dass es für den Grenzwert an der Stelle $x_0 = 36$ egal ist, von welcher Seite wir kommen. Der rechtsseitige und der linksseitige Grenzwert stimmen überein:

$$\lim_{x \to 36} g(x) = 1\,260$$

[3] Bekommt der Arbeiter 35 GE pro Stunde, falls er insgesamt höchstens 36 Stunden in der Woche arbeitet, und 40 GE für jede Stunde, falls er insgesamt mehr als 36 Stunden arbeitet, so beschreibt die Funktion $h(x)$:

$$h(x) = \begin{cases} 35x & ; x \le 36 \\ 40x & ; x > 36 \end{cases}$$

den Wochenlohn des Arbeiters.

Wertetabelle:

x	0	30	36	37	38	45
$h(x)$	0	1050	1260	1480	1520	1800

Der Graf der Funktion $h(x)$ hat eine **Sprungstelle** in $x_0 = 36$. Die Grafik sieht wie folgt aus:

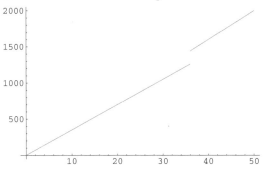

Wenn wir uns von links der Stelle $x = 36$ nähern, so beträgt der Grenzwert der Funktion 1 260:

$$\lim_{x \uparrow 36} h(x) = \lim_{x \uparrow 36} 35x = 35 \cdot 36 = 1\,260$$

Nähern wir uns dagegen von rechts der Stelle $x_0 = 36$, so beträgt der Grenzwert der Funktion $40 \cdot 36 = 1\,440$:

$$\lim_{x \downarrow 36} h(x) = \lim_{x \downarrow 36} 40x = 40 \cdot 36 = 1\,440$$

Da, je nachdem von welcher Seite wir uns der Stelle $x_0 = 36$ nähern, die Grenzwerte unterschiedlich sind, existiert der Grenzwert der Funktion an der Stelle $x_0 = 36$ nicht:

$$\lim_{x \to 36} h(x) \text{ existiert nicht}$$

Wir sagen auch, die Funktion $h(x)$ hat in $x_0 = 36$ (x_0 aus ihrem Definitionsbereich) einen „unsteten" Verlauf.

Definition 6.69
Existiert für eine Zahl x_0 aus dem Definitionsbereich einer Funktion f der Grenzwert von f an der Stelle x_0 und stimmt dieser Grenzwert mit dem Funktionswert $f(x_0)$ überein, so sagt man, die Funktion f ist **stetig** an der Stelle x_0. Anderenfalls sagt man, die Funktion f ist **unstetig** an der Stelle x_0.

In unserem Beispiel 6.68 hat die Funktion $h(x)$ eine **Unstetigkeitsstelle** an der Stelle $x_0 = 36$.

Definition 6.70
Eine Funktion f heißt **stetig im Intervall** $I \subset D_f$, wenn f an allen Stellen $x \in I$ stetig ist.

Um die Stetigkeit einer Funktion f an der Stelle x_0 nachzuweisen, können wir zunächst den linksseitigen Grenzwert $\lim\limits_{x \uparrow x_0} f(x)$ und den rechtsseitigen Grenzwert $\lim\limits_{x \downarrow x_0} f(x)$ berechnen. Stimmen diese Grenzwerte überein mit dem Funktionswert $f(x_0)$, so ist f stetig an der Stelle x_0.

Beispiel 6.71
Die Funktion f mit:

$$f(x) = \begin{cases} 7 - 2x & ; x \leq 2 \\ x^2 & ; x > 2 \end{cases}$$

ist in $x_0 = 2$ unstetig; denn es gilt:

■ $f(2) = 3$

■ $\lim\limits_{x \uparrow 2} f(x) = 3$

■ $\lim\limits_{x \downarrow 2} f(x) = 4$

Grafik:

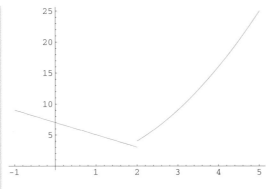

d.h. $\lim\limits_{x\downarrow 2} f(x) = 4 \neq 3 = f(2)$

Satz 6.72
Eine Funktion f ist genau dann stetig in $x_0 \in (a, b) \subset \mathsf{D}_f$, wenn der rechtsseitige und der linksseitige Grenzwert existieren und mit dem Funktionswert $f(x_0)$ übereinstimmen:

$$\lim\limits_{x\downarrow x_0} f(x) = f(x_0) = \lim\limits_{x\uparrow x_0} f(x)$$

Beispiel 6.73
[1] Wir betrachten die Funktion:

$$f(x) = \begin{cases} x^2 - 2 & ; x < 2 \\ 2x - 1 & ; x \geq 2 \end{cases}$$

Frage: Ist f stetig an der Stelle $x_0 = 2$?

x	-2	-1	0	1	$1,9$	$1,99$	$1,999$	2	3	4
$f(x)$	2	-1	-2	-1	$1,61$	$1,96$	$1,996$	3	5	7
							≈ 2			

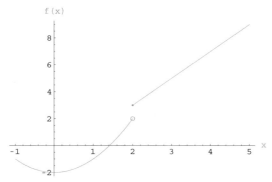

$$\left. \begin{array}{l} \lim_{x\uparrow 2} f(x) = 2^2 - 2 = 2 \\ \lim_{x\downarrow 2} f(x) = 2 \cdot 2 - 1 = 3 \\ f(2) = 3 \end{array} \right\} \Rightarrow f \text{ ist in } x = 2 \text{ unstetig}$$

[2] Wir betrachten die Funktion:

$$f(x) = \begin{cases} x^2 - 1 & ; x < 2 \\ 2x - 1 & ; x \geq 2 \end{cases}$$

Frage: Ist f stetig an der Stelle $x_0 = 2$?

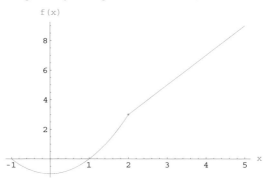

$$\left. \begin{array}{l} \lim_{x\uparrow 2} f(x) = 2^2 - 1 = 3 \\ \lim_{x\downarrow 2} f(x) = 2 \cdot 2 - 1 = 3 \\ f(2) = 3 \end{array} \right\} \Rightarrow f \text{ ist in } x = 2 \text{ stetig}$$

[3] Wir betrachten die Funktion:

$$f(x) = \begin{cases} x^2 - 1 & ; x < 2 \\ 7 & ; x = 2 \\ 2x - 1 & ; x > 2 \end{cases}$$

Frage: Ist f stetig an der Stelle $x_0 = 2$?

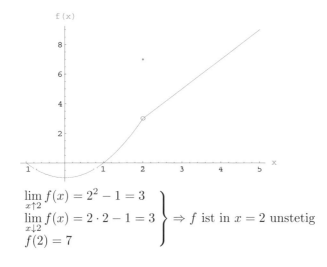

$$\left.\begin{array}{l} \lim_{x\uparrow 2} f(x) = 2^2 - 1 = 3 \\[4pt] \lim_{x\downarrow 2} f(x) = 2 \cdot 2 - 1 = 3 \\[4pt] f(2) = 7 \end{array}\right\} \Rightarrow f \text{ ist in } x = 2 \text{ unstetig}$$

In diesem letzten Beispiel 6.73 [3] lässt sich der Unterschied zwischen dem Grenzwert und der Stetigkeit sehr gut erklären: Obwohl der Grenzwert an der Stelle $x_0 = 2$ existiert, er beträgt drei, ist die Funktion an der Stelle $x_0 = 2$ nicht stetig. Die beiden Funktionsarme gucken sich zwar gegenseitig an an der Stelle $x_0 = 2$, aber der Funktionswert an der Stelle $x_0 = 2$ liegt weit über ihnen.

⚠ Bei Grenzwerten $\lim_{x\to x_0}$ von Funktionen muss die betrachtete Stelle x_0 <u>nicht</u> zum Definitionsbereich gehören. Bei der Stetigkeit ist dies jedoch eine wesentliche Voraussetzung.

Beispiel 6.74
Die Funktion $f(x) = \frac{1}{x}$ ist an der Stelle $x = 0$ nicht definiert, so dass der Definitionsbereich die Menge $\mathbb{R}\backslash\{0\}$ ist. Der Graf sieht wie folgt aus:

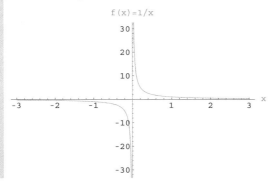

Um mit einem Stift den Grafen von f zu zeichnen, muss der Stift zumindest einmal abgesetzt werden. Jedoch ist f stetig in jedem Punkt des Intervalls $(-\infty; 0)$ und f ist stetig in jedem Punkt des Intervalls $(0; +\infty)$. Stetigkeit ist ein Begriff, der sich nur auf Punkte aus dem Definitionsbereich bezieht. Da f an der Stelle $x = 0$ nicht definiert ist, kann über die Stelle $x = 0$ auch keine Stetigkeitsaussage getroffen werden.

Allgemein gilt:

Satz 6.75
- Jede konstante Funktion ist stetig

- Jedes Polynom $f(x) = a_n x^n + \ldots + a_1 x + a_0$ ist stetig.

- Jede rationale Funktion $f(x) = \dfrac{P(x)}{Q(x)}$ ist stetig.

- Jede Exponentialfunktion $f(x) = a^x$ $(a > 0)$ ist stetig.

- Die Logarithmusfunktion $f(x) = \ln(x), x > 0$ ist stetig.

6.6   Zusammenfassung

Kennen gelernt haben wir folgende ökonomischen Funktionen:

- Kosten $K(x) = K_v(x) + K_f(x)$

- Umsatz $U(x) = p(x) \cdot x$

- Gewinn $G(x) = U(x) - K(x)$

- Stückkosten $k(x) = \dfrac{K(x)}{x}$

- variable Stückkosten $k_v(x) = \dfrac{K_v(x)}{x}$

- Stückgewinn $g(x) = \dfrac{G(x)}{x}$

Prüfungstipp

Klausurthemen aus diesem Kapitel sind

■ das Berechnen von Grenzwerten von Funktionen sowie

■ das Rechnen mit ökonomischen Funktionen (Bestimmung einer Gewinnfunktion, einer variablen Stückkostenfunktion usw.).

6 Funktionen einer reellen Variablen

7 Differentiation mit einer Variablen

Lernziele

In diesem Kapitel lernen Sie

■ Ableitungen,

■ Grenzkosten, Grenzerlös und Grenzproduktivität,

■ Elastizität sowie

■ Extrem-, Wende- und Sattelstellen kennen.

Wir werden in diesem Kapitel das Ableiten/Differenzieren einer Funktion kennen lernen. Mit Hilfe der Ableitungen werden wir den maximalen Gewinn oder die minimalen (Stück-) Kosten einer vorgegebenen ökonomischen Funktion bestimmen können.

7.1 Ableitungen

Wenn Sie über den Fernpass zum Gardasee fahren, begegnet Ihnen ein Verkehrsschild, auf dem eine Steigung von 12% angekündigt wird. Das bedeutet, auf einer Strecke von 100 m beträgt der Höhenunterschied 12 m. Stellen wir uns den Fernpass als Gerade vor, so beträgt in diesem Straßenabschnitt an jedem Punkt die Steigung 0,12 bzw. 12%.

Für eine Gerade $f(x) = a + bx$ (vgl. Definition 6.22) ist uns die Steigung bekannt, sie hat in jedem Punkt x den Wert b.

Was aber ist die Steigung einer Kurve? Wir werden sehen, dass wir als Maß für die Steigung einer Kurve die „Ableitung" heranziehen.

Zur Bedeutung von „Ableitungen" wollen wir zunächst das folgende Beispiel betrachten:

Beispiel 7.1

Wir betrachten zwei Werke. Werk 1 produziert gemäß der Produktionsfunktion $x(r) = 8r^2 - 40r$; $r \geq 5$ und Werk 2 gemäß der Produktionsfunktion $x(r) = 9r^2 - 54r$; $r \geq 6$. Ein Werk soll geschlossen werden.

Für eine Faktoreinsatzmenge von z.B. $r = 10$ Einheiten erhalten wir folgende produzierten Mengen des Gutes:

	produzierte Menge
Werk 1	400 ME
Werk 2	360 ME

Da in Werk 2 eine geringere Produktionsmenge vorliegt, sollte Werk 2 geschlossen werden. Wir schließen Werk 2 und alle Arbeiter aus Werk 2 werden vom Werk 1 übernommen. In Werk 1 liegt dann für $r = 20$ folgende Produktion vor:

	produzierte Menge
Werk 1	2 400 ME
Werk 2 (wären 2 520 ME gewesen)	

Es wäre also besser gewesen, Werk 1 zu schließen.
Frage: Woran lässt sich diese Erscheinung an der Stelle $r = 10$ erkennen?
Antwort: An der **Grenzproduktivität**. An der Stelle $r = 10$ ist die Grenzproduktivität bei Werk 2 größer als bei Werk 1. Die Grenzproduktivität an der Stelle $r = 10$ beträgt:

$$\lim_{r \to 10} \frac{x(r) - x(10)}{r - 10}$$

Sie gibt an, um wie viele Einheiten sich ungefähr die Ausbringungsmenge x erhöht, wenn statt $r = 10$ eine Einheit mehr, also $r = 11$, eingesetzt werden.

Grenzproduktivität von Werk 1 an der Stelle $r = 10$:

$$\lim_{r \to 10} \frac{x(r) - x(10)}{r - 10} = \lim_{r \to 10} \frac{8r^2 - 40r - 400}{r - 10}$$
$$= \lim_{r \to 10} \frac{8(r + 5)(r - 10)}{r - 10}$$
$$= \lim_{r \to 10} 8(r + 5)$$
$$= 8 \cdot 15$$
$$= 120$$

Grenzproduktivität von Werk 2 an der Stelle $r = 10$:

$$\lim_{r \to 10} \frac{x(r) - x(10)}{r - 10} = \lim_{r \to 10} \frac{9r^2 - 54r - 360}{r - 10}$$
$$= \lim_{r \to 10} \frac{9(r + 4)(r - 10)}{r - 10}$$
$$= \lim_{r \to 10} 9\,(r + 4)$$
$$= 9 \cdot 14$$
$$= 126$$

Im Werk 2 ist die Grenzproduktivität an der Stelle $r = 10$ höher.

In dem Beispiel 7.10 werden wir noch einmal auf den Begriff „Grenzproduktivität" eingehen. Vorher müssen wir jedoch wissen, was eine Ableitung ist.

Im Kapitel 6.2 hatten wir uns überlegt, dass wir die Steigung einer linearen Funktion (Gerade) anschaulich und mathematisch kennen. Wir wollen jetzt klären, was wir unter der Steigung einer kurvenreichen Funktion verstehen.

Beispiel 7.2
Wir möchten wissen, wie groß die Steigung der folgenden Funktion f an der Stelle x_0 ist:

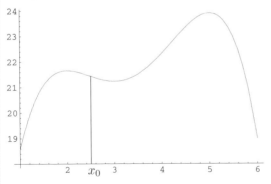

Da es an der Stelle x_0 bergab geht, ist die Steigung an dieser Stelle offenbar negativ.

Um einen Wert für die Steigung an der Stelle x_0 zu erhalten, zeichnen wir einen Hilfspunkt x ein und verbinden die Punkte $(x_0, f(x_0))$ und $(x, f(x))$ mit einem Lineal. Dadurch entsteht eine Gerade, die wir als mit t bezeichnen:

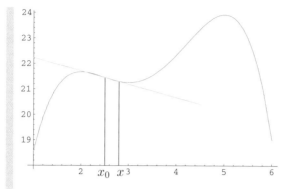

Und als Wert für die Steigung von f an der Stelle x_0 nehmen wir die Steigung der Geraden t. Die Steigung der Geraden t erhalten wir bekanntlich über das Steigungsdreieck (vgl. Beispiel 6.24):

$$\frac{t(x) - t(x_0)}{x - x_0}$$

Da an den Stellen x_0 und x die Werte der Geraden $t(x_0)$ bzw. $t(x)$ genau so groß sind wie die Funktionswerte $f(x_0)$ bzw. $f(x)$, beträgt somit die Steigung:

$$\frac{f(x) - f(x_0)}{x - x_0}$$

Wir können hiermit die Steigung der Funktion f an der Stelle x_0 berechnen. Aber wir haben ein Problem. Sobald wir den Hilfspunkt x etwas weiter nach rechts legen, kann die Steigung sogar positiv sein, obwohl anschaulich klar ist, dass an der Stelle x_0 die Steigung negativ ist.

Je nachdem, wohin wir den Hilfspunkt x legen, erhalten wir unterschiedliche Werte für die Steigung von f an der Stelle x_0. Das darf nicht sein. Also müssen wir eine sinnvolle Vorschrift für die Lage des Hilfspunktes x angeben: Wir legen x möglichst nah an x_0 und zeichnen die Gerade ein:

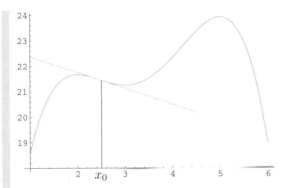

Als Steigung von f an der Stelle x_0 nehmen wir die Steigung dieser Geraden. (Diese Gerade wird in der Mathematik übrigens als **Tangente** bezeichnet.) Möglichst nah ist mathematisch ausgedrückt der Grenzwert. Die Steigung von f an der Stelle x_0 ist somit folgender Grenzwert:

$$\lim_{x \to x_0} \frac{f(x) - f(x_0)}{x - x_0}$$

Existiert der Grenzwert, so können wir einen Wert für die Steigung von f an der Stelle x_0 angeben.

Beispiel 7.3
Gesucht wird die Steigung der Parabel $f(x) = x^2; x \in \mathbb{R}$ an der Stelle $x_0 = 3$.

$$\lim_{x \to 3} \frac{f(x) - f(3)}{x - 3} \;=\; \lim_{x \to 3} \frac{x^2 - 9}{x - 3} \;=\; \lim_{x \to 3} \frac{(x-3)(x+3)}{x - 3} \;=\;$$
$$\lim_{x \to 3}(x + 3) = 6$$

d.h. die Steigung der Parabel an der Stelle $x_0 = 3$ beträgt 6.

Definition 7.4
Eine Funktion f heißt **differenzierbar an der Stelle $x_0 \in$** $(a, b) \subset \mathsf{D}_f$, falls der Grenzwert

$$\lim_{x \to x_0} \frac{f(x) - f(x_0)}{x - x_0}$$

existiert. Wir bezeichnen den Grenzwert mit $f'(x_0)$ oder mit $\dfrac{\partial f(x_0)}{\partial x}$ und nennen ihn **Ableitung von f an der Stelle x_0.**

Beispiel 7.5

$f(x) = x^2 \; ; x \in \mathbb{R}$

$f'(3) = ?$

$f'(3) = 6$ (vgl. Beispiel 7.3)

d.h. wird $x_0 = 3$ um eine Einheit auf $x_0 = 4$ erhöht, so steigt der Funktionswert um etwa sechs Einheiten.

Probe:

x	3	4
$f(x)$	9	$16 \approx 9 + 6$

Definition 7.6

Eine Funktion f heißt **differenzierbar auf (a, b)**, falls f an allen Stellen $x \in (a, b)$ differenzierbar ist. Die Funktion f' mit $D_{f'} = (a, b)$ heißt **Ableitung von f**.

Beispiel 7.7

$f(x) = x^2 \; ; x \in \mathbb{R}$

$f'(x) = ?$

$$\lim_{x \to x_0} \frac{f(x) - f(x_0)}{x - x_0} = \lim_{x \to x_0} \frac{x^2 - x_0^2}{x - x_0} = \lim_{x \to x_0} \frac{(x - x_0)(x + x_0)}{x - x_0} =$$
$$\lim_{x \to x_0} (x + x_0) = 2x_0$$

d.h. $f'(x) = 2x \; ; x \in \mathbb{R}$

Wir rechnen nicht jedes Mal die Ableitung einer Funktion über den Grenzwert aus, sondern wir greifen zurück auf die Ableitungen elementarer Funktionen.

7.1.1   Ableitungen elementarer Funktionen

Über die Berechnung der jeweiligen Grenzwerte ergeben sich:

Elementare Funktion	Ableitungsfunktion
c ; $c \in \mathbb{R}$	0
x^t ; $t \in \mathbb{R}$	$t \cdot x^{t-1}$
e^x	e^x
a^x ; $a > 0$	$a^x \cdot \ln(a)$
$\ln(x)$	$\dfrac{1}{x}$
$\log_a x$; $0 < a \neq 1$	$\dfrac{1}{x \cdot \ln(a)}$

Beispiel 7.8

$f(x) = x^4 \qquad \Rightarrow f'(x) = 4x^3$

$f(x) = x^7 \qquad \Rightarrow f'(x) = 7x^6$

$f(x) = x^{-3} \qquad \Rightarrow f'(x) = -3x^{-4}$

$f(x) = \sqrt{x} = x^{1/2} \quad \Rightarrow f'(x) = \dfrac{1}{2} \cdot x^{-1/2} = \dfrac{1}{2\sqrt{x}}$

$f(x) = \sqrt[3]{x^2} = x^{2/3} \Rightarrow f'(x) = \dfrac{2}{3} x^{-1/3} = \dfrac{2}{3\sqrt[3]{x}}$

$f(x) = \dfrac{1}{x} = x^{-1} \quad \Rightarrow f'(x) = (-1) \cdot x^{-2} = -\dfrac{1}{x^2}$

$f(x) = 2^x \qquad \Rightarrow f'(x) = 2^x \cdot \ln(2)$

$f(x) = x^2 \qquad \Rightarrow f'(x) = 2x$

$f(x) = \dfrac{1}{x^2} = x^{-2} \quad \Rightarrow f'(x) = (-2) \cdot x^{-3} = -\dfrac{2}{x^3}$

7 Differentiation mit einer Variablen

7.1.2   Ableitungsregeln

Hilfreich beim Ableiten sind folgende Ableitungsregeln:

	Funktion	Ableitungsfunktion
Faktorregel	$c \cdot f(x)$	$c \cdot f'(x)$
Summenregel	$f(x) + g(x)$	$f'(x) + g'(x)$
Produktregel	$f(x) \cdot g(x)$	$f'(x) \cdot g(x) + f(x) \cdot g'(x)$
Quotientenregel	$\dfrac{f(x)}{g(x)}$	$\dfrac{f'(x) \cdot g(x) - f(x) \cdot g'(x)}{g^2(x)}$
Kettenregel	$f[g(x)]$	$f'[g(x)] \cdot g'(x)$

Beispiel 7.9
Wir betrachten einige Beispiele zu den einzelnen Ableitungsregeln:

▪ Faktorregel

$$f(x) = -5x^7 \Rightarrow f'(x) = -35x^6$$

$$f(x) = -\frac{1}{x^2} = (-1) \cdot x^{-2} \Rightarrow f'(x) = (-1) \cdot (-2) \cdot x^{-3} = \frac{2}{x^3}$$

▪ Faktor- und Summenregel

$$f(x) = 7x^3 + 2x^8 \Rightarrow f'(x) = 21x^2 + 16x^7$$

$$f(x) = 3x^2 - 5x^7 \Rightarrow f'(x) = 6x - 35x^6$$

▪ Produktregel

$$f(x) = 4x^5 \cdot \ln x$$

$$\Rightarrow f'(x) = 20x^4 \cdot \ln x + 4x^5 \cdot \frac{1}{x} = 20x^4 \cdot \ln x + 4x^4$$

▪ Quotientenregel

$$f(x) = \frac{2x^5 - 7x^3}{4x^3 - 2}$$

$$\Rightarrow f'(x) = \frac{(10x^4 - 21x^2)(4x^3 - 2) - (2x^5 - 7x^3) \cdot 12x^2}{(4x^3 - 2)^2}$$

■ Kettenregel

$h(x) = (x^2 - 1)^{27}$

innere Funktion $g(x) = x^2 - 1 \Rightarrow g'(x) = 2x$

äußere Funktion $f(y) = y^{27} \Rightarrow f'(y) = 27y^{26}$

$h'(x) = f'(g(x)) \cdot g'(x) = 27(x^2 - 1)^{26} \cdot 2x = 54x(x^2 - 1)^{26}$

Ableitungen ökonomischer Funktionen haben eine eigene Bezeichnung, ihre Interpretation ist gleichbleibend: Wird das Argument um eine Einheit erhöht, so verändert sich der Funktionswert näherungsweise um den Wert der Ableitung.

Beispiel 7.10 (Fortsetzung von Beispiel 7.1)
Die Grenzproduktivität ist die Ableitung der Produktionsfunktion.

Werk 1: Produktionsfunktion $x(r) = 8r^2 - 40r; \ r \geq 5$

Werk 2: Produktionsfunktion $x(r) = 9r^2 - 54r; \ r \geq 6$

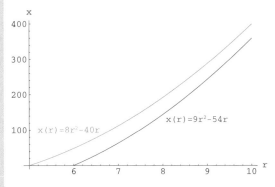

Uns interessiert die Grenzproduktivität an der Stelle $r = 10$.

Werk 1: $x'(r) = 16r - 40 \Rightarrow x'(10) = 120$

Werk 2: $x'(r) = 18r - 54 \Rightarrow x'(10) = 126$

d.h. wird in den Werken die Faktoreinsatzmenge von $r = 10$ um eine Einheit auf $r = 11$ Einheiten gesteigert, so erhöht sich die Ausbringungsmenge in Werk 1 um etwa 120 ME und in Werk 2 um etwa 126 ME. Wir rechnen die Probe:

r	10	11
Werk 1 $x(r)$	400	$528 \approx 400 + 120$
Werk 2 $x(r)$	360	$495 \approx 360 + 126$

Beispiel 7.11
Gegeben ist folgende Kostenfunktion:

$$K(x) = \frac{1}{3}x^3 - 5x^2 + 28x + 1 \; ; x \geq 0$$

Dann betragen die **Grenzkosten**:

$$K'(x) = x^2 - 10x + 28 \; ; x \geq 0$$

Die Grenzkosten geben an, um wie viele Geldeinheiten sich die Kosten etwa verändern, wenn die produzierte Menge x um eine Mengeneinheit auf $x + 1$ gesteigert wird.

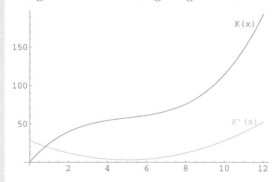

Werden zum Beispiel 6 ME produziert, so betragen die Grenzkosten $K'(6) = 4$ GE. Das bedeutet, wird eine ME mehr produziert, also 7 ME, so steigen die Kosten um etwa 4 GE:

$$K(7) \approx K(6) + 4 = 61 + 4 = 65.$$

Rechnen wir die Probe, so betragen die Kosten für sieben produzierte ME:

$$K(7) = 66,\overline{3} \text{ GE}.$$

Eine Orientierungshilfe für die Festsetzung des Verkaufspreises p sind sowohl die Grenzkosten als auch die Stückkosten. Der Verkaufspreis p sollte mindestens so groß sein wie der größere der beiden Werte Grenzkosten und Stückkosten.

Beispiel 7.12 (Fortsetzung von Beispiel 7.11)
Gegeben ist die folgende Umsatzfunktion/Erlösfunktion:
$U(x) = 15x \; ; x \geq 0$

Dann beträgt der **Grenzerlös**: $U'(x) = 15 \; ; x \geq 0$

Der Grenzerlös gibt an, um wie viele Geldeinheiten sich der Umsatz/Erlös etwa verändert, wenn die produzierte und abgesetzte Menge x um eine Mengeneinheit auf $x + 1$ gesteigert wird.

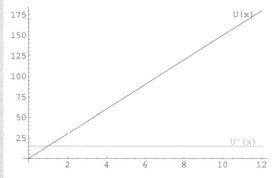

Werden zum Beispiel 6 ME abgesetzt, so beträgt der Grenzerlös $U'(6) = 15$ GE. Das bedeutet, wird eine ME mehr produziert, also 7 ME, so steigt der Umsatz um (etwa) 15 GE:

$$U(7) = U(6) + 15 = 90 + 15 = 105$$

Rechnen wir die Probe, so beträgt der Umsatz für sieben abgesetzte ME:

$$U(7) = 105 \text{ GE}.$$

Frage: Wann sind Grenzerlös und Grenzkosten aus Beispiel 7.11 gleich groß?

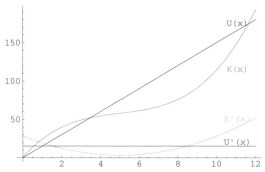

Wir suchen die Schnittstelle von Grenzkosten und Grenzerlös:

$$x^2 - 10x + 28 = 15$$

Mit der pq-Formel 6.31 erhalten wir:

$$x = 5 \pm \sqrt{25 - 13}$$

Antwort: Eine Schnittstelle liegt in $x = 5 + \sqrt{12} = 8{,}46$. Hier betragen die Grenzkosten $K'(8{,}46) = 15$ Geldeinheiten.

Über Ableitungen lassen sich auch Grenzwerte von Funktionen unter bestimmten Voraussetzungen sehr einfach bestimmen:

Beispiel 7.13
In dem Beispiel 6.63 betrug der Grenzwert:

$$\lim_{x \to 1} \frac{2x^2 + 4x - 6}{x - 1} = 8$$

Wurde $x_0 = 1$ sowohl im Zähler als auch im Nenner der rationalen Funktion eingesetzt, so ergab sich in Beispiel 6.63 der Ausdruck $\frac{0}{0}$. Für diesen Fall $\frac{0}{0}$ ergibt sich ebenfalls der Grenzwert 8, wenn Zähler und Nenner vor der Grenzwertbestimmung abgeleitet werden:

$$\lim_{x \to 1} \frac{4x + 4}{1} = \frac{4 \cdot 1 + 4}{1} = 8$$

Diese Vorgehensweise des Ableitens vor der Grenzwertbestimmung geht auf den französischen Mathematiker *de l'Hôpital* zurück.

Satz 7.14 (Regel von de l'Hôpital)
Die Funktionen f und g seien in (a, b) differenzierbar mit $g'(x) \neq 0$ für alle $x \in (a, b)$. Und sei $x_0 \in (a, b)$ mit $f(x_0) = g(x_0) = 0$. Dann gilt:

$$\lim_{x \to x_0} \frac{f(x)}{g(x)} = \lim_{x \to x_0} \frac{f'(x)}{g'(x)}$$

falls der Grenzwert $x \to x_0$ von $\frac{f'(x)}{g'(x)}$ existiert.

D.h. im Fall $\frac{0}{0}$ lässt sich der Grenzwert einer rationalen Funktion über die Ableitungen des Zählers und des Nenners bestimmen.

Beispiel 7.15
Wir suchen den folgenden Grenzwert:

$$\lim_{x \to 2} \frac{3x^2 - 12x + 12}{x - 2} = ?$$

Wird der Wert $x_0 = 2$ in Zähler und Nenner eingesetzt, so liegt auch hier wieder der Fall $\frac{0}{0}$ vor. Mit der Regel von de l'Hôpital ergibt sich:

$$\lim_{x \to 2} \frac{3x^2 - 12x + 12}{x - 2} = \lim_{x \to 2} \frac{6x - 12}{1} = 6 \cdot 2 - 12 = 0$$

7.2   Elastizität

Wie teuer muss das Benzin werden, damit die Verbraucher weniger Auto fahren? Die Reaktion der Verbraucher spiegelt sich wider in der so genannten „Preiselastizität" der Nachfrage $x(p)$. Ist die Elastizität hoch, so führt ein Preisanstieg zu einem starken Rückgang der Nachfrage. Ist die Elastizität niedrig, bleibt bei einem Preisanstieg der Verbrauch fast unverändert.

Uns interessiert also, ob eine Preisveränderung entweder eine geringe oder eine starke Absatzveränderung verursacht. Um die zu erwartende Absatzveränderung prozentual einschätzen zu können, suchen wir eine geeignete Maßzahl.

Beispiel 7.16
Die Deutsche Bahn AG hatte zum 15.12.2002 ein neues Preissystem eingeführt, bei der Wenig-Fahrer (Frühbucher) große Rabatte erhielten, während Viel-Fahrer (Spätbucher) erhöhte Preise bezahlten. Wir wollen dies anhand einer einfachen Preis-Absatz Funktion diskutieren. Angenommen x sei die Anzahl gekaufter Fahrkarten und p sei der Preis in GE pro 100 Bahnkilometer. Die Nachfrage sei gegeben durch die Preis-Absatz Funktion:

$$x(p) = 50 - 2p \; ; p \in [0; 25]$$

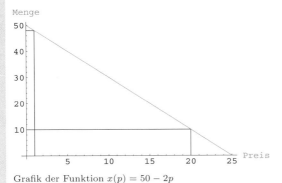

Grafik der Funktion $x(p) = 50 - 2p$

Wir betrachten eine Preiserhöhung um 1% ausgehend vom Preis 1 GE bzw. ausgehend vom Preis 12,5 GE bzw. ausgehend vom Preis 20 GE:

p	1	1,01
x	48	47,98

p	12,5	12,625
x	25	24,75

p	20	20,2
x	10	9,6

■ d.h. wird der Preis von 1 GE um 1% erhöht, so sinkt der Absatz um $0{,}041\overline{6}\%$, denn es gilt:

$$48\text{ME} \triangleq 100\%$$
$$47{,}98\text{ME} \triangleq \frac{100\%}{48} \cdot 47{,}98 = 99{,}958\overline{3}\%$$

■ Und wird der Preis von 12,5 GE um 1% erhöht, so sinkt der Absatz um 1%, denn es gilt:

$$25\text{ME} \triangleq 100\%$$
$$24{,}75\text{ME} \triangleq \frac{100\%}{25} \cdot 24{,}75 = 99\%$$

■ Und wird der Preis von 20 GE um 1% erhöht, so sinkt der Absatz um 4%, denn es gilt:

$$10\text{ME} \triangleq 100\%$$
$$9{,}6\text{ME} \triangleq \frac{100\%}{10} \cdot 9{,}6 = 96\%$$

Frage: Wie lassen sich „geringe" und „starke" Absatzveränderungen messen?

$p = $ alter Preis $p + h = $ neuer Preis (nach Preisänderung)

Antwort: Maß $= \dfrac{\text{relative Absatzveränderung}}{\text{relative Preisveränderung}} = \dfrac{\frac{x(p+h)-x(p)}{x(p)}}{\frac{(p+h)-p}{p}}$

Diese Maßzahl heißt **mittlere Elastizität** von x beim Übergang von p zu $p + h$.

Beispiel 7.17 (Fortsetzung von Beispiel 7.16)
In dem Beispiel 7.16 sind $p = 1$ GE und $h = 0{,}01$ GE bzw. $p = 20$ GE und $h = 0{,}20$ GE.

■ Ausgehend vom Preis $p = 1$ GE beträgt die mittlere Elastizität:

$$\frac{-0{,}02/48}{0{,}01/1} = -0{,}0417$$

■ Ausgehend vom Preis $p = 20$ GE beträgt die mittlere Elastizität:

$$\frac{-0{,}4/10}{0{,}20/20} = -4$$

Problem: Die mittlere Elastizität hängt von der Höhe der Preisveränderung h ab.

Um die Abhängigkeit von h auszuschalten, nehmen wir nur eine sehr geringe Preisänderung vor, d.h. wir betrachten den Limes:

$$\lim_{h \to 0} \frac{\frac{x(p+h)-x(p)}{x(p)}}{\frac{(p+h)-p}{p}} = \lim_{h \to 0} \frac{x(p+h)-x(p)}{h} \cdot \frac{p}{x(p)} = x'(p) \cdot \frac{p}{x(p)}$$

Die so erhaltene Maßzahl hängt nicht mehr von der Höhe der Preisveränderung ab.

Definition 7.18
Die Maßzahl

$$x'(p) \cdot \frac{p}{x(p)}$$

heißt **Punkt-Elastizität** von x im Punkt p und wird mit $\varepsilon_x(p)$ (lies: epsilon) bezeichnet.

Die Elastizität ist eine Maßzahl, die Veränderungen in Prozent misst. Sie gibt näherungsweise an, um wie viel Prozent sich die Nachfrage (Funktionswert) verändert, wenn der Preis (Argument) um 1% steigt. Ändert sich die Nachfrage dabei um mehr als 1%, so spricht man von starken Absatzveränderungen/elastischer Nachfrage. Ändert sich die Nachfrage um weniger als 1%, so spricht man von geringen Absatzveränderungen/unelastischer Nachfrage. D.h. die Interpretation lautet wie folgt:

■ $-1 < \varepsilon_x(p) < +1$
  $x(p)$ ist an der Stelle p **unelastisch**; d.h. nur geringe Absatzveränderungen bei Preisveränderungen

■ $\varepsilon_x(p) > 1$ oder $\varepsilon_x(p) < -1$
  $x(p)$ ist an der Stelle p **elastisch**; d.h. starke Absatzveränderungen bei Preisveränderungen

■ $\varepsilon_x(p) = \pm 1$
  $x(p)$ ist proportional zu p

Beispiele für Güter mit einer elastischen Nachfrage sind in Deutschland die meisten Lebensmittel. Beispiele für Güter mit einer unelastischen Nachfrage sind Zigaretten und Benzin. Die Abhängigkeit, die der Konsum von Zigaretten hervorbringt, ermöglicht es Rauchern nicht, auf Tabak zu verzichten, selbst wenn der Staat die Tabaksteuer erhöht. Und Verbraucher verzichten auf vieles, aber nicht auf die Autofahrt. Die Erfahrungen zeigen allerdings, dass jenseits einer gewissen Schmerzschwelle auch die Nachfrage nach Zigaretten und Benzin elastisch wird: Irgendwann kommen auch Raucher und Autofahrer an ihre finanziellen Grenzen.

Zuweilen reagiert auf die Preissteigerung eines Gutes auch die Nachfrage nach einem anderen: Wenn Butter sehr teuer wird, kaufen die Verbraucher Margarine. In der Sprache der Ökonomen heißt dies: Die Kreuzelastizität zwischen Margarine und Butter ist hoch.

Der amerikanische Ökonom Thorstein Velben hat zudem den Fall beschrieben, dass die Nachfrage nach einem Gut steigt, wenn der Preis steigt: So wird ein bestimmtes Parfüm nur dann akzeptiert, wenn es teuer ist. Bei diesem „Snobeffekt" ist die Preiselastizität der Nachfrage positiv und nicht wie üblich negativ.

Beispiel 7.19 (Fortsetzung von Beispiel 7.16)
Für die Preis-Absatz Funktion

$$x(p) = 50 - 2p \ ; p \in [0; 25]$$

beträgt die erste Ableitung:

$$x'(p) = -2$$

■ Wir berechnen die Elastizität von $x(p)$ an der Stelle $p = 1$:

$$\varepsilon_x(1) = x'(1) \cdot \frac{1}{x(1)} = -2 \cdot \frac{1}{48} = -0,0417$$

d.h. wird der Preis um 1% gesteigert, so sinkt der Absatz um $0,0417\% \approx 0,04\%$. Oder anders ausgedrückt: Ist der Preis niedrig und wird der Preis verändert, so verändert sich der Absatz kaum. Wir machen die Probe:

p	1	1,01
x	48	47,98 $= 48 - (0,04\%$ von 48$)$

■ Wir berechnen die Elastizität von $x(p)$ an der Stelle $p = 20$:

$$\varepsilon_x(20) = x'(20) \cdot \frac{20}{x(20)} = -2 \cdot \frac{20}{10} = -4$$

d.h. wird der Preis um 1% gesteigert, so sinkt der Absatz um 4%. Oder anders ausgedrückt: Ist der Preis hoch und wird der Preis verändert, so verändert sich der Absatz stark. Wir machen die Probe:

p	20	20,2
x	10	9,6 $= 10 - (4\%$ von 10$)$

■ Die Absatzveränderung in % bei Preiserhöhungen um 1 % lässt sich durch die Elastizität auch als Funktion in Abhängigkeit des Preises p in GE darstellen:

$$\varepsilon_x(p) = x'(p) \cdot \frac{p}{x(p)} = -2 \cdot \frac{p}{50 - 2p} = -\frac{p}{25 - p}$$

Statt der Funktion $\varepsilon_x(p) = -\dfrac{p}{25 - p}$ stellen wir deren Absolutbetrag $\dfrac{p}{25 - p}$ grafisch dar:

Absatzsenkung in %

d.h. ist der Preis p in GE gering, so ist mit geringen Absatzrückgängen in Prozent zu rechnen, wenn der Preis p um 1% erhöht wird. Ist hingegen der Preis p hoch, so ist mit starken Absatzrückgängen in Prozent zu rechnen, wenn der Preis p um 1% erhöht wird.

Genauer: Liegt der Preis p unter 12,5 GE und wird um 1% erhöht, so liegt der Absatzrückgang unter 1%. Wird der Preis p von 12,5 GE um 1% erhöht, so sinkt der Absatz um 1%. Liegt der Preis p über 12,5 GE und wird um 1% erhöht, so sinkt der Absatz um mehr als 1%.

Bei der Erarbeitung des Preissystem vom Dezember 2002 unterstellte die Deutsche Bahn AG einem Wenig-Fahrer elastisches Verhalten, d.h. eine Preiserhöhung würde großen Einfluss auf seine Anzahl von Zugfahrten nehmen. Er würde bei Preiserhöhungen nicht mehr mit dem Zug fahren, sondern auf andere Verkehrsmittel (Auto, Flugzeug) ausweichen.

Einem Viel-Fahrer hingegen wurde unelastisches Verhalten unterstellt, d.h. eine Preiserhöhung würde nur geringen Einfluss auf seine Anzahl von Zugfahrten nehmen. Er würde weiterhin Zug fahren müssen, trotz Preiserhöhung.

Diese Überlegung der Deutschen Bahn AG war falsch: gerade im Fernverkehr musste die Bahn AG große Umsatzeinbußen hinnehmen. Im Zeitraum vom 01.01.2003 bis 31.05.2003 machte die Bahn AG einen Umsatz in Höhe von 1,02 Milliarden Euro. Das waren 165 Millionen Euro weniger gegenüber dem gleichen Zeitraum im Vorjahr, also ein Umsatzrückgang von 16%. Proteste der Fahrgäste führten dann am 01.08.2003 zur Wiedereinführung der alten Bahncard 50.

7.3   Monotonie

Im Kapitel 6.3 haben wir die Monotonie als Eigenschaft einer Funktion kennen gelernt. In diesem Kapitel werden wir mit einer Methode die Monotonie einer Funktion bestimmen. Genauer: Wir werden am Vorzeichen der Ableitung f' die Monotonie von f erkennen. D.h. insbesondere, dass die untersuchte Funktion f differenzierbar sein muss. Außerdem sollte die untersuchte Funktion keine Sprungstellen haben, am besten wäre es, die untersuchte Funktion wäre stetig.

Zwischen Stetigkeit und Differenzierbarkeit besteht der folgende Zusammenhang: Wenn f differenzierbar ist, so ist f auch stetig. Oder anders ausgedrückt: Wenn eine Funktion nicht stetig ist, so kann sie auch nicht differenzierbar sein:

Satz 7.20
Ist die Funktion f im Punkt $x_0 \in D_f \subset \mathbb{R}$ differenzierbar, so ist f an der Stelle x_0 auch stetig.

Beispiel 7.21
Ein Beispiel für eine stetige Funktion, die jedoch an der Stelle $x_0 = 0$ nicht differenzierbar ist, ist die Funktion

$$f(x) = |x| \; ; x \in \mathbb{R}$$

Frage: Wie lässt sich anhand der Ableitung einer Funktion die Monotonie der Funktion erkennen?

Beispiel 7.22
Wir betrachten die Funktion $f(x) = x^2; \; x \in \mathbb{R}$ aus Beispiel 6.26.

Die Ableitung lautet $f'(x) = 2x; \; x \in \mathbb{R}$. Als Grafik für die Parabel $f(x) = x^2$ und für die Gerade $f'(x) = 2x$ ergibt sich:

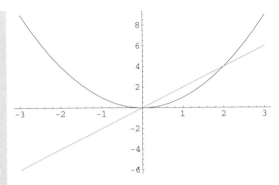

f ist monoton fallend auf $(-\infty, 0]$ und f ist monoton steigend auf $[0, \infty)$. Für die Ableitung gilt:

$$f'(x) = 2x \begin{cases} \leq 0 \text{ für alle } x \in (-\infty, 0] \\ \geq 0 \text{ für alle } x \in [0, \infty) \end{cases}$$

Satz 7.23
Die Funktion f sei in $[a, b]$ stetig und in (a, b) differenzierbar. Dann gilt:

■ $f'(x) \geq 0$ für alle $x \in (a, b) \Leftrightarrow f$ monoton steigend in $[a, b]$

■ $f'(x) \leq 0$ für alle $x \in (a, b) \Leftrightarrow f$ monoton fallend in $[a, b]$

■ $f'(x) = 0$ für alle $x \in (a, b) \Leftrightarrow f$ konstant in $[a, b]$

■ $f'(x) > 0$ für alle $x \in (a, b) \Rightarrow f$ streng monoton steigend in $[a, b]$

■ $f'(x) < 0$ für alle $x \in (a, b) \Rightarrow f$ streng monoton fallend in $[a, b]$

Die Monotonie einer Funktion lässt sich also anhand des Vorzeichens der zugehörigen Ableitung erkennen.

Beispiel 7.24
Wir suchen die Monotonieeigenschaften der folgenden Funktion:

$$f(x) = \frac{1}{2}x^2 - 2x \; ; x \in \mathbb{R}$$

x	-1	0	1	2	3	4	5
$f(x)$	2,5	0	$-1,5$	-2	$-1,5$	0	2,5

Frage: Wo ist f monoton steigend, und wo ist f monoton fallend?

$f'(x) = x - 2$

$f'(x) \geq 0 \Leftrightarrow x - 2 \geq 0 \Leftrightarrow x \in [2; +\infty)$ d.h. f ist auf $[2; +\infty)$ monoton steigend.

$f'(x) \leq 0 \Leftrightarrow x - 2 \leq 0 \Leftrightarrow x \in (-\infty; 2]$ d.h. f ist auf $(-\infty; 2]$ monoton fallend.

Grafik:

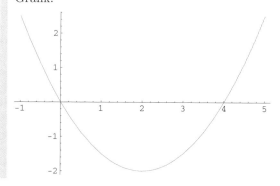

7.4   Höhere Ableitungen

Um z.B. ein Betriebsmaximum berechnen zu können, wird die Ableitung der Funktion G' benötigt.

Definition 7.25
Ist die Funktion f differenzierbar, so heißt f' oder $f^{(1)}$ die **erste Ableitung** von $f(x)$. Ist f' wieder differenzierbar, so heißt die Ableitung von f' die **zweite Ableitung** von f, im Zeichen $f'' = f^{(2)} = \dfrac{\partial^2 f}{\partial x^2}$. Usw. Ist die Funktion $f^{(n-1)}$ differenzierbar, so heißt

$$f^{(n)} = \frac{\partial^n f}{\partial x^n}$$

die **n-te Ableitung** von f, $n \in \mathbb{N}$.

Beispiel 7.26

$f(x) = x^5$

$\Rightarrow f'(x) = f^{(1)}(x) = 5x^4$

$\Rightarrow f''(x) = f^{(2)}(x) = 20x^3$

$\Rightarrow f'''(x) = f^{(3)}(x) = 60x^2$

$\Rightarrow f^{(4)}(x) = 120x$

$\Rightarrow f^{(5)}(x) = 120$

$\Rightarrow f^{(6)}(x) = 0$

$\Rightarrow f^{(7)}(x) = 0$

Die erste Ableitung f' ist ein Maß für die Steigung, insb. am Vorzeichen von f' lässt sich erkennen, ob die Funktion f steigt oder fällt. Am Vorzeichen der zweiten Ableitung lässt sich die Krümmung einer Funktion erkennen. Wir unterscheiden dabei die zwei Krümmungsarten **konvex** und **konkav**:

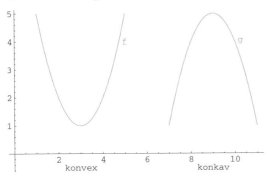

Wird die konvexe Kurve f mit dem Rad befahren, so ist der Fahrradlenker nach links eingeschlagen. Deshalb wird das Krümmungsverhalten konvex auch als linksgekrümmt bezeichnet. Wird die konkave Kurve g mit dem Rad befahren, so ist der Fahrradlenker nach rechts eingeschlagen. Deshalb wird das Krümmungsverhalten konkav auch als rechtsgekrümmt bezeichnet.

Satz 7.27

- $f''(x) > 0$ für alle $x \in (a; b) \Rightarrow f$ ist konvex (linksgekrümmt) auf $[a; b]$

- $f''(x) < 0$ für alle $x \in (a; b) \Rightarrow f$ ist konkav (rechtsgekrümmt) auf $[a; b]$

D.h. am Vorzeichen der zweiten Ableitung $f''(x)$ lässt sich die die Krümmung von $f(x)$ erkennen.

Beispiel 7.28

Wir betrachten die Funktion $f(x) = x^2$; $x \in \mathbb{R}$ aus Beispiel 6.26. Dann beträgt die zweite Ableitung: $f''(x) = 2 > 0$; d.h. f ist konvex:

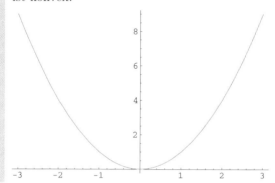

Allgemein gilt für ein Polynom $a_2 x^2 + a_1 x + a_0$ zweiten Grades: Das Polynom ist konvex gewölbt, falls der Faktor a_2 positiv ist. Das Polynom ist konkav gewölbt, falls der Faktor a_2 negativ ist.

Beispiel 7.29

Wir betrachten die Funktion $f(x) = -x^2$; $x \in \mathbb{R}$. Dann beträgt die zweite Ableitung: $f''(x) = -2 < 0$; d.h. f ist konkav:

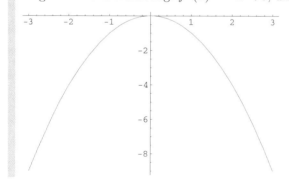

Die Wölbung einer Kurve ist ausschlaggebend bei der Bestimmung des Maximums einer ökonomischen Funktion. Ist die ökonomische Funktion auf einem Intervall konkav, so kann das Maximum der ökonomischen Funktion in diesem Intervall liegen.

Beispiel 7.30
Gewinn $G(x) = -\frac{1}{3}x^3 + 5x^2 - 13x - 1; \quad x \geq 0$

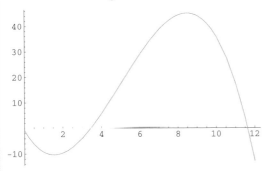

In welchem Intervall ist $G(x)$ konvex bzw. konkav?

Wir bilden die ersten beiden Ableitungen:

$G'(x) = -x^2 + 10x - 13$

$G''(x) = -2x + 10$

Also ist $G''(x)$ positiv für $x \in (0;5)$ und $G''(x)$ ist negativ für $x \in (5;+\infty)$. D.h. G ist auf $[0;5]$ konvex und G ist auf $[5;+\infty)$ konkav. Aus der Grafik lässt sich erkennen, dass die Gewinnfunktion etwa an der Stelle $x \approx 8{,}5$ maximal ist.

7.5   Extremstellen

Unser Ziel ist es, diejenigen Produktionsmengen zu ermitteln, für die z.B. der Gewinn maximal ist, oder für die die Stückkosten minimal sind. Maximal- und Minimal-Stellen werden auch als Extremstellen bezeichnet.

Beispiel 7.31
Bei der nachfolgenden Grafik lässt sich ablesen, dass gilt:

- $x = 1$ ist eine lokale Maximalstelle

- $x = 3$ ist eine lokale Minimalstelle

- $x = 7$ ist eine lokale Maximalstelle

- $x = 10$ ist eine lokale Minimalstelle

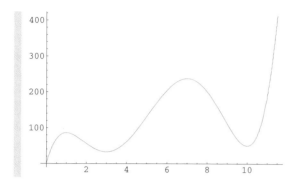

Definition 7.32

Gilt für $x_E \in D_f$ der Funktion f:

[1] $f(x_E) \leq f(x)$ für alle $x \in (a,b) \subset D_f$, so heißt x_E **lokale Minimalstelle** von f auf (a,b).

[2] $f(x_E) \geq f(x)$ für alle $x \in (a,b) \subset D_f$, so heißt x_E **lokale Maximalstelle** von f auf (a,b).

Beispiel 7.33

Bei der nachfolgenden Grafik lässt sich ablesen, dass an der Stelle $x = 2$ der größte Funktionswert vorliegt:

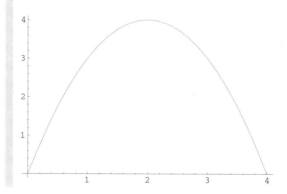

Definition 7.34

Sei f eine Funktion. Gilt für $x_E \in D_f$: $f(x_E) \leq f(x)$ bzw. $f(x_E) \geq f(x)$ für alle $x \in D_f$, so heißt x_E **globale Minimalstelle** bzw. **globale Maximalstelle** von f.

Der größte Funktionswert muss nicht unbedingt an der Stelle liegen, wo gleichzeitig ein lokales Maximum vorliegt, sondern er kann auch durchaus am Rand des Definitionsbereichs liegen.

Beispiel 7.35
Bei der nachfolgenden Grafik lässt sich ablesen, dass für den Definitionsbereich $[0;3]$ an der Stelle $x = 3$ der größte Funktionswert vorliegt:

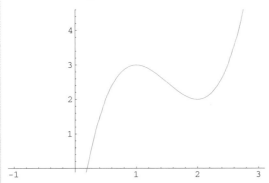

Das globale Maximum liegt am rechten Rand des Definitionsbereiches. In $x = 1$ liegt lediglich ein lokales Maximum.

Beispiel 7.36
Die Funktion f mit $f(x) = x^2$; $x \in \mathbb{R}$ aus Beispiel 6.26 hat in $x = 0$ ein lokales Minimum. Dieses Minimum ist sogar ein globales.

Frage: Wie lassen sich Extremstellen einer Funktion finden?
Antwort: Wenn in x_0 eine Extremstelle vorliegt, so beträgt an der Stelle x_0 die Steigung von f null. Dies ist eine notwendige Bedingung für eine lokale Extremstelle einer differenzierbaren Funktion:

Satz 7.37 (Notwendige Bedingung)
Die Funktion f sei in (a, b) differenzierbar und besitze in $x_0 \in (a, b)$ eine lokale Extremstelle. Dann gilt: $f'(x_0) = 0$.
Kurz:

x_0 lokale Extremstelle $\Rightarrow f'(x_0) = 0$

Die Umkehrung des Satzes 7.37 gilt nicht, man denke z.B. an die Funktion $f(x) = x^3$ aus Beispiel 6.27. Die Ableitung an der

Stelle $x_0 = 0$ beträgt null. Aber $x_0 = 0$ ist keine Minimal- oder Maximalstelle.

Beispiel 7.38 (Fortsetzung von Beispiel 7.12)
Gegeben sind zwei ökonomische Funktionen:

Kosten $K(x) = \dfrac{1}{3}x^3 - 5x^2 + 28x + 1$; $x \geq 0$

Umsatz/Erlös $U(x) = 15x$; $x \geq 0$

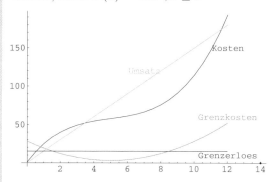

Die Gewinnfunktion ergibt sich zu (vgl. Beispiel 7.30):

Gewinn $G(x) = U(x) - K(x) = -\frac{1}{3}x^3 + 5x^2 - 13x - 1$

Frage: Wo liegen mögliche Extremstellen der Gewinnfunktion?

Notwendige Bedingung:

$0 = G'(x) = U'(x) - K'(x) \Leftrightarrow K'(x) = U'(x)$; d.h.:

Satz 7.39
Mögliche Extremstellen der Gewinnfunktion liegen in den Schnittstellen von Grenzkosten und Grenzerlös.

Beispiel 7.40
Für die Gewinnfunktion G aus Beispiel 7.38 mit

$$G(x) = U(x) - K(x) = -\frac{1}{3}x^3 + 5x^2 - 13x - 1 \; ; x \geq 0$$

suchen wir die Schnittstelle von Grenzkosten und Grenzerlös:

$$0 = G'(x) = U'(x) - K'(x) = -x^2 + 10x - 13 \Leftrightarrow x = 5 \pm \sqrt{12}$$

d.h. mögliche Extremstellen liegen in $x = 5 + \sqrt{12}$ und $x = 5 - \sqrt{12}$.

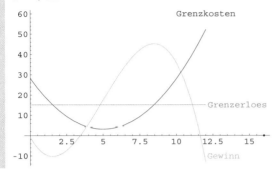

Frage: Wo liegen mögliche Extremstellen der Stückkosten?

Notwendige Bedingung:

$$0 = k'(x) = \left(\frac{K(x)}{x}\right)' = \frac{K'(x) \cdot x - K(x) \cdot 1}{x^2} = \frac{K'(x) - \frac{K(x)}{x}}{x}$$

$$\Rightarrow 0 = K'(x) - \frac{K(x)}{x} \Leftrightarrow K'(x) = \frac{K(x)}{x}; \text{ d.h.:}$$

Satz 7.41
Mögliche Extremstellen der Stückkostenfunktion liegen in den Schnittstellen von Grenzkosten und Stückkosten.

Beispiel 7.42
Für die Kostenfunktion K aus Beispiel 7.38 mit

$$K(x) = \frac{1}{3}x^3 - 5x^2 + 28x + 1 \ ; x \geq 0$$

ergeben sich die folgenden Stück-/Durchschnittskosten:

$$k(x) = \frac{K(x)}{x} = \frac{1}{3}x^2 - 5x + 28 + \frac{1}{x} \ ; x > 0$$

Wir suchen die Schnittstelle von Grenzkosten und Stückkosten:

$$0 = k'(x) = \frac{2}{3}x - 5 - \frac{1}{x^2} \Rightarrow 0 = \frac{2}{3}x^3 - 5x^2 - 1$$

Mit Hilfe des Newton-Verfahrens (haben wir aber nicht gelernt!) lässt sich die Nullstelle $x = 7{,}526479362\ldots$ bestimmen.

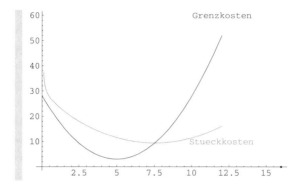

Frage: Wo liegen mögliche Extremstellen der variablen Stückkosten?

Notwendige Bedingung:

$$0 = k_v'(x) = \left(\frac{K_v(x)}{x}\right)' = \frac{K_v'(x) \cdot x - K_v(x) \cdot 1}{x^2} = \frac{K_v'(x) - \frac{K_v(x)}{x}}{x}$$

$$\Rightarrow 0 = K_v'(x) - \frac{K_v(x)}{x} \Leftrightarrow \underbrace{K_v'(x)}_{K'(x)} = \underbrace{\frac{K_v(x)}{x}}_{k_v(x)}; \text{ d.h.:}$$

Satz 7.43
Mögliche Extremstellen der variablen Stückkosten liegen in den Schnittstellen von Grenzkosten und variablen Stückkosten.

Beispiel 7.44
Für die Kostenfunktion K aus Beispiel 7.38 mit

$$K(x) = \frac{1}{3}x^3 - 5x^2 + 28x + 1 \; ; x \geq 0$$

ergeben sich die folgenden variablen Stück-/Durchschnittskosten:

$$k_v(x) = \frac{K_v(x)}{x} = \frac{\frac{1}{3}x^3 - 5x^2 + 28x}{x} = \frac{1}{3}x^2 - 5x + 28 \; ; x > 0$$

Wir suchen die Schnittstelle von Grenzkosten und variablen Stückkosten:

$$0 = k_v'(x) = \frac{2}{3}x - 5 \Rightarrow x = 7{,}5$$

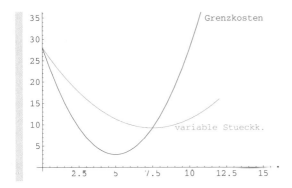

Ist eine Preis-Absatz Funktion linear, so lässt sich für die Nullstellen der ersten Ableitung der Gewinnfunktion eine Berechnungsformel herleiten:

Beispiel 7.45
Für eine lineare Preis-Absatz Funktion $p(x) = a - bx$ ergibt sich der Umsatz/Erlös:

$$U(x) = \text{Preis} \cdot \text{Absatz} = p(x) \cdot x = ax - bx^2$$

Als Gewinn ergibt sich:

$$G(x) = U(x) - K(x) = ax - bx^2 - K(x)$$

Sei x_0 eine Nullstelle der ersten Ableitung der Gewinnfunktion:

$$0 = G'(x_0)$$

d.h. x_0 ist eine mögliche Extremstelle der Gewinnfunktion. Es gilt weiter:

$$0 = G'(x_0) = U'(x_0) - K'(x_0) = a - 2bx_0 - K'(x_0)$$

Dann heißen x_0 **Cournot'sche Menge** mit:

$$x_0 = \frac{a - K'(x_0)}{2b}$$

und $p(x_0)$ **Cournot'scher Preis** mit:

$$p(x_0) = a - bx_0 = a - b \cdot \frac{a - K'(x_0)}{2b} = a_0 - \frac{a_0}{2} + \frac{K'(x_0)}{2} = \frac{a + K'(x_0)}{2}$$

und $(x_0, p(x_0))$ **Cournot'scher Punkt**.

Frage: Woran lässt sich erkennen, ob es sich bei einer lokalen Extremstelle um ein Minimum oder ein Maximum handelt?

Antwort: Gemäß Satz 7.27 lässt sich am Vorzeichen der zweiten Ableitung erkennen, ob die Funktion konvex oder konkav gewölbt ist. Ist x_0 eine Nullstelle der ersten Ableitung und ist die Funktion konvex, so ist x_0 eine Minimalstelle, ist hingegen die Funktion konkav, so ist x_0 eine Maximalstelle:

Satz 7.46 (Hinreichende Bedingung)
Die Funktion f sei in $(a, b) = D_f$ zweimal stetig differenzierbar. Ferner sei $f'(x_0) = 0$ für ein $x_0 \in (a, b)$. Dann gilt:

- ◾ $f''(x_0) < 0 \Rightarrow x_0$ lokale Maximalstelle von f

- ◾ $f''(x_0) > 0 \Rightarrow x_0$ lokale Minimalstelle von f

- ◾ $f''(x) < 0$ für alle $x \in (a, b) \Rightarrow x_0$ globale Maximalstelle von f auf $[a, b]$

- ◾ $f''(x) > 0$ für alle $x \in (a, b) \Rightarrow x_0$ globale Minimalstelle von f auf $[a, b]$

Der Unterschied zwischen einer lokalen und einer globalen Extremstelle ist anhand der hinreichenden Bedingung wie folgt zu erkennen: Macht die zweite Ableitung einen Vorzeichenwechsel, so ist x_0 lediglich eine lokale Extremstelle. Macht hingegen die zweite Ableitung keinen Vorzeichenwechsel, so ist x_0 eine globale Extremstelle.

Beispiel 7.47
Gesucht sind lokale Extremstellen der nicht anwendungsbezogenen Funktion f:

$$f(x) = 2x^3 - 9x^2 + 12x - 2 \; ; x \in \mathbb{R}$$

Notwendige Bedingung:

$$0 = f'(x) = 6x^2 - 18x + 12 \Leftrightarrow x = 1 \text{ oder } x = 2$$

Hinreichende Bedingung:

$$f''(x) = 12x - 18$$

d.h. die zweite Ableitung macht einen Vorzeichenwechsel; d.h. mit dem Satz 7.46 lassen sich nur lokale (und keine globalen) Extremstellen finden.

$f''(1) = -6 < 0$; d.h. $x = 1$ lok. Maximalstelle

$f''(2) = 6 > 0$; d.h. $x = 2$ lok. Minimalstelle

⚠ Sind Extremstellen einer ökonomischen Funktion gesucht, so sind immer globale Extremstellen zu bestimmen.

Beispiel 7.48
Um den maximalen Gewinn zu bestimmen, setzen wird das Beispiel 7.40 fort:

Kosten $K(x) = \frac{1}{3}x^3 - 5x^2 + 28x + 1$; $x \in \mathbb{R}_0^+$

Umsatz/Erlös $U(x) = 15x$; $x \in \mathbb{R}_0^+$

Gewinn $G(x) = U(x) - K(x) = -\frac{1}{3}x^3 + 5x^2 - 13x - 1$; $x \in \mathbb{R}_0^+$

Mit der Ableitung $G'(x) = -x^2 + 10x - 13$ erhalten wir die möglichen Extremstellen $x = 5 + \sqrt{12}$ und $x = 5 - \sqrt{12}$.

Hinreichende Bedingung:

$G''(x) = -2x + 10$

$G''(5 + \sqrt{12}) < 0$; d.h. $x = 5 + \sqrt{12}$ lokale Maximalstelle

$G''(5 - \sqrt{12}) > 0$; d.h. $x = 5 - \sqrt{12}$ lokale Minimalstelle

Gemäß der Grafik aus Beispiel 7.40 liegt in $x = 5 + \sqrt{12} = 8{,}46$ sogar ein globales Maximum. Der maximale Gewinn beträgt somit $G(8{,}46) = 45{,}05$ GE und heißt auch **Betriebsmaximum**. Insb. liegt das Betriebsmaximum in der Schnittstelle von Grenzkosten und Grenzerlös.

Beispiel 7.49
Um die minimalen Stückkosten zu bestimmen, setzen wir das Beispiel 7.42 fort. Für die Stück-/Durchschnittskosten $k(x) = \frac{K(x)}{x} = \frac{1}{3}x^2 - 5x + 28 + \frac{1}{x}$ ergab sich mit Hilfe des Newton-Verfahrens (haben wir aber nicht gelernt!) als Nullstelle der ersten Ableitung $x_0 = 7{,}526479362\ldots$.
Hinreichende Bedingung:

$k''(x) = \frac{2}{3} + \frac{2}{x^3} > 0$ für $x \in \mathbb{R}^+$

d.h. $k(x)$ hat in $x \approx 7{,}53$ eine globale Minimalstelle. Die minimalen Stückkosten betragen somit $k(7{,}53) = 9{,}38$ GE und heißen auch **Betriebsoptimum**. Insb. liegt das Betriebsoptimum in der Schnittstelle von Grenzkosten und Stückkosten.

Beispiel 7.50

Um den maximalen Stückgewinn zu berechnen, setzen wir das Beispiel 7.30 fort:

Stückgewinn $g(x) = \dfrac{G(x)}{x} = -\dfrac{1}{3}x^2 + 5x - 13 - \dfrac{1}{x}$

Notwendige Bedingung:

$0 = g'(x) = -\dfrac{2}{3}x + 5 + \dfrac{1}{x^2} \Rightarrow 0 = -\dfrac{2}{3}x^3 + 5x^2 + 1$

Mit Hilfe des Newton-Verfahrens (haben wir aber nicht gelernt!) lässt sich die Nullstelle $x = 7{,}526479362\ldots$ bestimmen.

Hinreichende Bedingung:

$g''(x) = -\dfrac{2}{3} - \dfrac{2}{x^3} < 0$ für $x \in \mathbb{R}^+$

d.h. der Stückgewinn ist für die abgesetzte Menge $x \approx 7{,}53$ maximal. Und der maximale Stückgewinn beträgt somit $g(7{,}53) = 5{,}62$ GE.

Die beiden Extremstellen aus Beispiel 7.49 und Beispiel 7.50 sind identisch. Dies lässt sich wie folgt erklären: Hängt der Verkaufspreis nicht von der angebotenen Menge ab, so gilt:

$$\underbrace{g(x)}_{\text{max.}} = \dfrac{U(x)}{x} - \dfrac{K(x)}{x} = p - \underbrace{k(x)}_{\text{min.}}$$

d.h. der Stückgewinn ist genau dann maximal in x_0, wenn die Stückkosten in x_0 minimal sind.

Beispiel 7.51 (Fortsetzung von Beispiel 7.44)

Um die minimalen variablen Stückkosten zu bestimmen, setzen wir das Beispiel 7.44 fort:

Variable Stückkosten $k_v(x) = \dfrac{K_v(x)}{x} = \dfrac{\frac{1}{3}x^3 - 5x^2 + 28x}{x} = \dfrac{1}{3}x^2 - 5x + 28$; $x > 0$

Die Ableitung $k_v'(x) = \dfrac{2}{3}x - 5$ hat eine Nullstelle in $x = 7{,}5$

Hinreichende Bedingung:

$k_v''(x) = \dfrac{2}{3} > 0$

d.h. die variablen Stückkosten haben in $x = 7{,}5$ eine globale Minimalstelle. Die minimalen variablen Stückkosten betragen

$k_v(7{,}5) = 9{,}25$ GE und heißen auch **Betriebsminimum**. Insb. liegt das Betriebsminimum in der Schnittstelle von Grenzkosten und variablen Stückkosten.

Beispiel 7.52
Gegeben ist die folgende Kostenfunktion:

$$K(x) = 3x^2 + 147 \ ; x \geq 0$$

Gesucht ist das Betriebsoptimum. Die Stückkosten lauten:

$$k(x) = \frac{K(x)}{x} = 3x + \frac{147}{x} \ ; x > 0$$

Notwendige Bedingung:

$$0 = k'(x) = 3 - \frac{147}{x^2}$$

Multiplikation der Gleichung mit x^2 ergibt:

$$0 = 3x^2 - 147 \Leftrightarrow 0 = x^2 - 49$$

Mit der pq-Formel 6.31 ergibt sich:

$$x = 0 \pm \sqrt{49} = \pm 7$$

Da gilt $-7 \notin D_k$, ist $x = 7$ die einzige mögliche Extremstelle.

Hinreichende Bedingung:

$$k''(x) = \frac{294}{x^3} >_{\text{immer}} 0$$

d.h. das Betriebsoptimum beträgt $k(7) = 42$ GE.

7.6   Wendestellen

Woran erkennt der Hersteller eines Gutes, dass der Markt so allmählich gesättigt ist? Am Krümmungsverhalten der Absatzfunktion beobachtet über die Zeit.

Definition 7.53
Ändert eine Funktion f ihr Krümmungsverhalten (konvex, konkav) in einem Punkt x_W, so heißt dieser Punkt **Wendestelle**.

Beispiel 7.54

Ökonomisch lassen sich Wendestellen gut interpretieren. Dazu betrachten wir den Absatz des PKW VW-Käfer in den Jahren 1945 bis 1980 (Quelle: Hansmann [4] Seite 66):

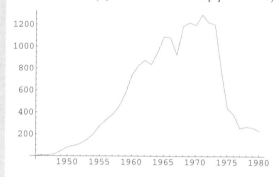

Käfer-Produktion des VW-Konzerns 1945 - 1981 (in TSD Stück)

Die Produktion wächst an bis zur Sättigungsphase der Jahre 1968 - 1973. Danach sind die Stückzahlen wieder geringer. Wir wollen für dieses praktische Beispiel ein theoretisches Modell betrachten (Quelle: [4] Hansmann Seite 66). Dazu wählen wir für die Produktionszahlen die folgende Kurve:

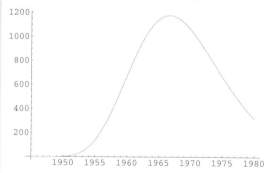

Modell $f(x) = 3{,}9 \cdot 10^{-7} \cdot (x - 1944)^{10{,}299} \cdot e^{-0{,}455 \cdot (x-1944)}$

Bis etwa 1959/1960 ist die Kurve konvex gewölbt. Anschließend ist die Kurve konkav, d.h. es liegt eine Wendestelle im Jahr 1959/1960 vor. Inhaltlich bedeutet das, im Jahr 1959/1960 bekommt das Wachstum einen „Dämpfer". Die Stückzahlen steigen zwar noch, aber auf Grund der konkaven Wölbung ist klar, dass demnächst eine Marktsättigung des Produkts eintritt. In den Jahren 1945 bis 1960 liegt **progressives Wachstum** vor, d.h. die Zuwächse sind positiv ($f' > 0$) und werden immer größer ($f'' > 0$). In den Jahren 1960 bis 1968 liegt **degressives**

Wachstum vor, d.h. die Zuwächse sind positiv ($f' > 0$) und werden immer geringer ($f'' < 0$). Nach 1968 liegt kein Wachstum mehr vor, sondern es erfolgt ein Rückgang ($f' < 0$) der Produktionszahlen.

Abschließend wollen wir noch prüfen, wie gut das Modell die tatsächlichen Stückzahlen beschreibt:

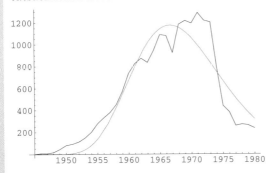

Tatsächliche und geschätzte Stückzahlen im Vergleich

Das Modell beschreibt die tatsächlichen Stückzahlen gut.

Frage: Wie finden wir Wendestellen?

Beispiel 7.55 (Fortsetzung von Beispiel 7.47)
Die Funktion $f(x) = 2x^3 - 9x^2 + 12x - 2$; $x \in \mathbb{R}$ hat in $x_W = 1{,}5$ eine Wendestelle, wie aus der Grafik ersichtlich ist:

$$f(x) = 2x^3 - 9x^2 + 12x - 2$$

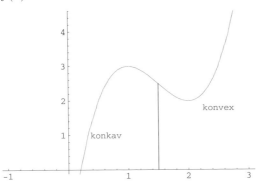

Die erste Ableitung $f'(x) = 6x^2 - 18x + 12$ hat eine Extremstelle an der Stelle $x = 1{,}5$:

$$f'(x) = 6x^2 - 18x + 12$$

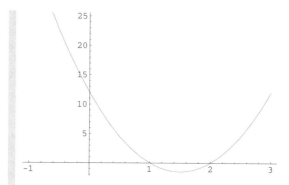

Die zweite Ableitung $f''(x) = 12x - 18$ hat eine Nullstelle bei $x = 1,5$:

$$f''(x) = 12x - 18$$

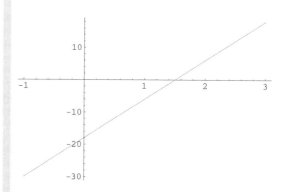

Die zweite Ableitung ist im Bereich $(-\infty; 1,5)$ negativ. Also ist die Funktion f auf dem Intervall $(-\infty; 1,5)$ konkav. Auf dem Intervall $(1,5; \infty)$ ist die zweite Ableitung positiv. Also ist die Funktion f auf dem Intervall $(1,5; \infty)$ konvex.

Die dritte Ableitung $f'''(x) = 12$ ist an der Stelle $x = 1,5$ ungleich null:

$$f'''(x) = 12$$

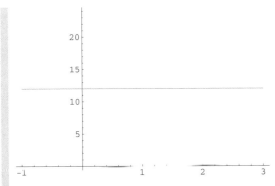

d.h. für die Wendestelle $x_W = 1,5$ gilt: $f''(1,5) = 0$ und $f'''(1,5) \neq 0$.

Antwort: Wendestellen sind lokale Extremstellen der ersten Ableitung:

Satz 7.56
Die Funktion f sei in (a, b) dreimal stetig differenzierbar. Dann gilt:

$f''(x_W) = 0$ und $f'''(x_W) \neq 0 \Rightarrow x_W$ Wendestelle

Beispiel 7.57
Für die Kostenfunktion $K(x) = \frac{1}{3}x^3 - 5x^2 + 28x + 1$; $x \in [0, \infty)$ aus Beispiel 7.38 suchen wir die Wendestelle:

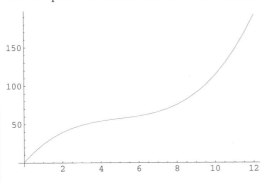

Grenzkosten $K'(x) = x^2 - 10x + 28$

Steigung der Grenzkosten $K''(x) = 2x - 10$

$$0 = 2x - 10 \Rightarrow x = 5$$
$$K'''(x) = 2 \Rightarrow K'''(5) = 2 \neq 0$$
$$\left.\right\} \Rightarrow x = 5 \text{ Wendestelle}$$

D.h. K ändert in $x = 5$ das Krümmungsverhalten von konkav zu konvex; d.h. in dem Bereich $x \in [0; 5]$ sind die Grenzkosten degressiv, in dem Bereich $x \in [5; \infty)$ sind die Grenzkosten progressiv; d.h. die Kosten steigen zwar mit höheren Produktionsmengen, jedoch sind die Kostenzuwächse im Intervall $[0, 5]$ rückläufig und im Intervall $[5, \infty)$ fortschreitend.

Beispiel 7.58
Wachstumsvorgänge in Abhängigkeit von der Zeit t lassen sich mit Hilfe der **logistischen Funktion**:

$$f(t) = \frac{a_0}{1 + a_1 e^{-a_2(t-a_3)}} ; t \in \mathbb{R}; a_2 > 0$$

beschreiben. Dabei ist a_0 die Sättigungsgrenze, d.h. einen größeren Wert als a_0 erreicht das Wachstum nie. Die logistische Funktion hat eine Wendestelle in:

$$t_0 = a_3 + \frac{\ln(a_1)}{a_2}$$

d.h. im Zeitpunkt t_0 erhält das Wachstum einen Dämpfer. Das Wachstum ist vor der Wendestelle progressiv, nach der Wendestelle degressiv.

Wurden die Parameter a_0, a_1, a_2, a_3 der logistischen Funktion z.B. anhand von Vergangenheitswerten geschätzt, so lässt sich mit der Funktion für das kommende Jahr ein Prognosewert angeben.

Abschließend noch einige nicht anwendungsbezogene Funktionen zum Üben:

Beispiel 7.59
■ $f(x) = x^3 - 2x^2 + 2x - \dfrac{11}{27}$; $x \in \mathbb{R}$ hat keine Extremstellen und eine Wendestelle in $x = \frac{2}{3}$.

■ $f(x) = \dfrac{1}{12}x^4 + x^3 + \dfrac{10}{3}x^2$; $x \in \mathbb{R}$ hat in $x = 0$ ein lok. Min, in $x = -4$ ein lok. Max, in $x = -5$ ein lok. Min. Wendestellen sind $x = -1,47$ und $x = -4,53$. Zeichnen wir die Funktion, so sehen wir, dass in $x = 0$ sogar ein glob. Min liegt.

■ $f(x) = \dfrac{3}{4}x^4 - \dfrac{10}{3}x^3 + \dfrac{9}{2}x^2 - 2x + \dfrac{1}{12}$; $x \in \mathbb{R}$ hat in $x = \frac{1}{3}$

ein lok. Min, in $x = 1$ ein lok. Max, in $x = 2$ ein lok. Min. Wendestellen sind $x = 1{,}60$ und $x = 0{,}63$. Zeichnen wir die Funktion, so sehen wir, dass in $x = 2$ ein glob. Min liegt.

7.7   Sattelstellen

Eine Wendestelle mit der Steigung null wird auch als „Sattelstelle" bezeichnet:

Definition 7.60
Ist x_0 eine Wendestelle einer Funktion f und hat f im Punkt x_0 die Steigung null, so heißt x_0 **Sattelstelle** von f.

Satz 7.61
Die Funktion f sei in (a, b) dreimal stetig differenzierbar. Dann gilt:

$f''(x_0) = 0$ und $f'''(x_0) \neq 0$ und $f'(x_0) = 0 \Rightarrow x_0$ Sattelstelle

Vorgehensweise zur Bestimmung von Sattelstellen:

[1] Aus Zeitersparnisgründen sollten zum Auffinden von Sattelstellen zuerst die Nullstellen der zweiten Ableitung bestimmt werden.

[2] Danach sollten die gefundenen Stellen in die dritte Ableitung eingesetzt werden und überprüft werden, ob sich Werte ungleich Null ergeben. Nach diesen beiden Schritten liegen die Wendestellen vor.

[3] Und erst im letzten Schritt werden die Wendestellen in die erste Ableitung eingesetzt und überprüft, ob sich der Wert Null ergibt.

Würden hingegen zum Auffinden von Sattelstellen zuerst die Nullstellen der ersten Ableitung bestimmt, so könnten sich darunter auch Extremstellen befinden.

Beispiel 7.62
Kosten $K(x) = -x^3 + 3x^2 + 14; \ x \in [0; 3]$

Umsatz $U(x) = 3x; \ x \in [0; 3]$

Wir suchen die Sattelstellen der Gewinnfunktion.

Der Gewinn beträgt: $G(x) = x^3 - 3x^2 + 3x - 14; \ x \in [0;3]$

Die Ableitungen sind:

$G'(x) = 3x^2 - 6x + 3$

$G''(x) = 6x - 6$

$G'''(x) = 6$

$\left. \begin{array}{l} 0 = G''(x) = 6x - 6 \Leftrightarrow x = 1 \\ G'''(x) = 6 \Rightarrow G'''(1) = 6 \neq 0 \\ G'(1) = 0 \end{array} \right\} \Rightarrow x = 1$ Sattelstelle

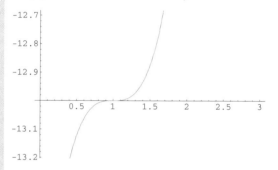

d.h. G wechselt an der Stelle $x = 1$ von konkav zu konvex und zusätzlich beträgt an der Stelle $x = 1$ die Steigung null. Inhaltlich bedeutet das, dass der Grenzgewinn (Ableitung der Gewinnfunktion) für den Bereich $x \in [0;1)$ degressiv ist und an der Stelle $x = 0$ sogar null beträgt, anschließend in dem Bereich $x \in (1;3]$ jedoch progressiv ist.

Beispiel 7.63
Die Funktion $f(x) = 8x^3 - 60x^2 + 150x - 121 \ ; x \in \mathbb{R}$ hat an der Stelle $x = 2{,}5$ eine Sattelstelle.

Beispiel 7.64
Die Funktion $f(x) = e^{x-1} - x \cdot \ln(x) \ ; x > 0$ hat an der Stelle $x = 1$ eine Sattelstelle.

Beispiel 7.65
Die Funktion $f(x) = x^3 \ ; x \in \mathbb{R}$ aus dem Beispiel 6.27 hat an der Stelle $x = 0$ eine Sattelstelle.

7.8 Zusammenfassung

Zusammengefasst überprüfen wir bei der Kurvendiskussion der Funktion f die Eigenschaften wie folgt:

Eigenschaft	Überprüfung
f monoton steigend in $[a; b]$	$f'(x) \geq 0$ für alle $x \in (a; b)$
f monoton fallend in $[a; b]$	$f'(x) \leq 0$ für alle $x \in (a; b)$
x_0 lokale Minimalstelle	$f'(x_0) = 0$ $f''(x_0) > 0$
x_0 lokale Maximalstelle	$f'(x_0) = 0$ $f''(x_0) < 0$
x_0 globale Minimalstelle in $[a; b]$	$f'(x_0) = 0$ $f''(x) > 0$ für alle $x \in (a; b)$
x_0 globale Maximalstelle in $[a; b]$	$f'(x_0) = 0$ $f''(x) < 0$ für alle $x \in (a; b)$
x_0 Wendestelle	$f''(x_0) = 0$ $f'''(x_0) \neq 0$
x_0 Sattelstelle	$f''(x_0) = 0$ $f'''(x_0) \neq 0$ $f'(x_0) = 0$

Prüfungstipp

Klausurthemen aus diesem Kapitel sind

- die Kurvendiskussion,

- für eine Funktion $f(x)$ die Elastizität $\varepsilon_f(x) = f'(x) \cdot \dfrac{x}{f(x)}$ zu berechnen,

- für eine Preis-Absatz Funktion $x(p)$ die Elastizität $\varepsilon_x(p) = x'(p) \cdot \dfrac{p}{x(p)}$ zu berechnen,

- Grenzkosten, Grenzproduktivität und Grenzerlös zu berechnen sowie

- die erste, zweite, dritte Ableitung einer Funktion zu berechnen.

7 Differentiation mit einer Variablen

8 Differentiation mit mehreren Variablen

Um Extremstellen von Funktionen, die mehrere Argumente x_1, $x_2, \ldots, x_n$ haben, bestimmen zu können, müssen wir erst einmal wissen, wie Ableitungen solcher Funktionen berechnet werden.

8.1 Partielle Ableitungen erster Ordnung

Die grafische Darstellung von Funktionen mit zwei Variablen ist nicht ganz einfach, da ein dreidimensionaler Raum benötigt wird, um $f(x, y)$ in Abhängigkeit von x, y darzustellen.

Beispiel 8.1
Ein Unternehmen produziert zwei Güter. Die Gewinne der beiden Güter seien in Abhängigkeit von den produzierten und abgesetzten Mengeneinheiten x bzw. y gegeben durch:

$g(x) = -10 + \sqrt{x}$ Gewinn von Gut I

$h(y) = -5 + \sqrt{y^3}$ Gewinn von Gut II

Der Gesamtgewinn G des Unternehmens ergibt sich aus der Summe:

$G(x, y) = g(x) + h(y) = -15 + \sqrt{x} + \sqrt{y^3} \; ; x, y \geq 0$

Wenn in der Planungsperiode z.B. 256 ME von Gut I und 4 ME von Gut II produziert und abgesetzt werden, so beträgt der Gesamtgewinn $G(256, 4) = -15 + \sqrt{256} + \sqrt{64} = 9$ Geldeinheiten.

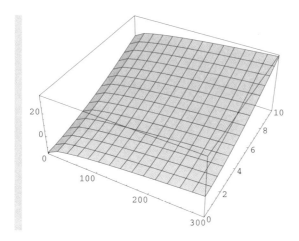

Bei Funktionen g einer Variablen ist die Ableitung $\dfrac{\partial g(x)}{\partial x}$ ein Maß für die Steigung der Funktion im Punkt x. Im Fall zweier Variablen x, y ergibt sich als Graf der Funktion $f(x, y)$ eine Fläche im $\mathbb{R}^3$. Die Steigung der Funktion f in einem Punkt (x, y) hängt ab von der Richtung, in die man sich bewegt. Je nachdem, welche Richtung wir vom Punkt (x, y) aus einschlagen, ergeben sich im Allgemeinen unterschiedliche Steigungen der Funktion f. Wir benötigen lediglich die Steigungen entlang der einzelnen Koordinaten. Dazu fassen wir eine Variable z.B. y als Konstante auf, so dass $f(x, y)$ lediglich eine Funktion von x ist und leiten nach der einzigen Variablen - in diesem Fall ist das die Variable x - ab. Die Ableitung nach x gibt uns dann Auskunft über das Verhalten von f, wenn der Wert von y festgehalten ist und der Wert von x sich verändert. Diese Art der Ableitung heißt „partielle" Ableitung nach x. Ebenso können wir die „partielle" Ableitung nach y bilden.

Definition 8.2
Sei $f : \mathsf{D}_f \to \mathbb{R}, \mathsf{D}_f \subset \mathbb{R}^2$. Dann heißen

$$\frac{\partial f(x, y)}{\partial x} = \lim_{h \to 0} \frac{f(x + h, y) - f(x, y)}{h}$$

die **partielle Ableitung nach x** (kurz: $f_x(x, y)$), und

$$\frac{\partial f(x, y)}{\partial y} = \lim_{h \to 0} \frac{f(x, y + h) - f(x, y)}{h}$$

die **partielle Ableitung nach y** (kurz: $f_y(x, y)$), sofern die Grenzwerte existieren.

Analog sind die partiellen Ableitungen von Funktionen mit mehr als zwei Variablen erklärt.

Beispiel 8.3

$f(x, y) = x^2 y \; ; x \in \mathbb{R}, y \in \mathbb{R}$

Dann gilt für die Ableitung in Richtung der x-Achse:

$$
\begin{aligned}
f_x(x, y) &= \lim_{h \to 0} \frac{f(x + h, y) - f(x, y)}{h} \\
&= \lim_{h \to 0} \frac{(x + h)^2 y - x^2 y}{h} \\
&= \lim_{h \to 0} \frac{(x^2 + 2hx + h^2)y - x^2 y}{h} \\
&= \lim_{h \to 0} \frac{2hxy + h^2 y}{h} \\
&= \lim_{h \to 0} (2xy + hy) \\
&= 2xy
\end{aligned}
$$

Weiter gilt für die Ableitung in Richtung der y-Achse:

$$
\begin{aligned}
f_y(x, y) &= \lim_{h \to 0} \frac{f(x, y + h) - f(x, y)}{h} \\
&= \lim_{h \to 0} \frac{x^2(y + h) - x^2 y}{h} \\
&= \lim_{h \to 0} \frac{x^2 h}{h} \\
&= \lim_{h \to 0} x^2 \\
&= x^2
\end{aligned}
$$

Wie schon bei den Funktionen mit einer Variablen werden wir die Ableitungen von Funktionen mehrerer Veränderlichen nicht mit dem Limes, sondern anhand von Ableitungsregeln bestimmen, indem wir die Argumente, nach denen nicht abgeleitet wird, als konstante Größen auffassen. Dabei müssen wir jedoch darauf achten, ob diese konstanten Größen als Summanden eingehen (dann haben sie die Ableitung null) oder als Faktoren eingehen (Faktoren bleiben beim Ableiten erhalten).

Beispiel 8.4 (Fortsetzung von Beispiel 8.1)
Für die Gewinnfunktion $G(x, y) = -15 + \sqrt{x} + \sqrt{y^3} \; ; x, y \geq 0$ aus Beispiel 8.1 ergeben sich die folgenden partiellen Ableitungen:

$$
G_x(x, y) = \frac{1}{2\sqrt{x}}
$$

$$G_y(x,y) = \frac{3}{2}\sqrt{y}$$

Z.B. für die Stelle $(x, y) = (256, 4)$ betragen die partiellen Ableitungen:

- ■ $G_x(256, 4) = \frac{1}{32}$; d.h. erhöht sich der Absatz des Guts I von 256 um Eins auf 257 ME, und bleibt der Absatz des Guts II konstant bei 4 ME, so erhöht sich der Gewinn von 9 GE um etwa $\frac{1}{32}$ GE auf etwa 9,03125 GE. (Exakt gilt: $G(257, 4) = 9,03122$)

- ■ $G_y(256, 4) = 3$, d.h. erhöht sich der Absatz des Guts II von 4 um Eins auf 5 ME, und bleibt der Absatz des Guts I konstant bei 256 ME, so erhöht sich der Gewinn von 9 GE um etwa 3 GE auf etwa 12 GE. (Exakt gilt: $G(256, 5) = 12{,}1803$)

Beispiel 8.5
$f(x, y) = x^2 y + \ln(x^2 + 1) + (5y - 2)^3 \; ; x, y \in \mathbb{R}$

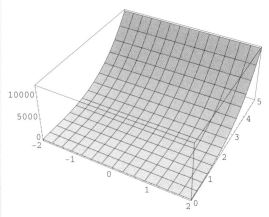

$$f_x(x, y) = 2xy + \frac{2x}{x^2 + 1}$$
$$f_y(x, y) = x^2 + 15(5y - 2)^2$$

Beispiel 8.6
Ein Unternehmen fertigt drei Güter in den Mengen x bzw. y bzw. z an. Die Kosten betragen:

$$K(x, y, z) = 8 + 2x + 3y + 2{,}5z - 0{,}5yz \; ; \; x, y, z \in [0; 8]$$

Dann sind die partiellen Ableitungen:

$K_x(x, y, z) = 2$ Grenzkosten von Gut I

$K_y(x, y, z) = 3 - 0{,}5z$ Grenzkosten von Gut II

$K_z(x, y, z) = 2{,}5 - 0{,}5y$ Grenzkosten von Gut III

Die Interpretation der Grenzkosten lautet wie folgt: Angenommen es werden von jedem Gut z.B. vier Mengeneinheiten hergestellt, so betragen die Gesamtkosten:

$K(4, 4, 4) = 30$ Geldeinheiten

■ Werden nun von Gut I statt 4 ME eine Mengeneinheit mehr hergestellt, also 5 ME, so steigern sich die Kosten um etwa 2 GE; Probe:

$$K(5, 4, 4) = 32 = K(4, 4, 4) + 2$$

■ Werden von Gut II statt 4 ME eine Mengeneinheit mehr hergestellt, also 5 ME, so steigern sich die Kosten um etwa $3 - 0{,}5 \cdot 4 = 1$ GE; Probe:

$$K(4, 5, 4) = 31 = K(4, 4, 4) + 1$$

■ Werden von Gut III statt 4 ME eine Mengeneinheit mehr hergestellt, also 5 ME, so steigern sich die Kosten um etwa $2{,}5 - 0{,}5 \cdot 4 = 0{,}5$ GE; Probe:

$$K(4, 4, 5) = 30{,}5 = K(4, 4, 4) + 0{,}5$$

8.2 Partielle Elastizität

Die Elastizität gibt bekanntlich die Veränderung der abhängigen Variablen in Prozent an, wenn die unabhängige Variable um 1% erhöht wird. Haben wir nicht eine unabhängige Variable, sondern zwei oder mehr, so sprechen wir von „partieller Elastizität".

Beispiel 8.7
Wir betrachten die folgende Produktionsfunktion:

$$x(r_1; r_2) = 2r_1 r_2^3; \quad r_1, r_2 > 0$$

wobei r_1 die Einheiten der eingesetzten Arbeitsstunden und r_2 die Menge der eingesetzten Geldeinheiten des Kapitals bezeichnen, x ist die produzierte Menge des Gutes. Die partiellen Ableitungen der Produktionsfunktion betragen:

$$x_{r_1}(r_1; r_2) = 2r_2^3$$

$$x_{r_2}(r_1; r_2) = 6r_1 r_2^2$$

■ Wir möchten wissen, wie sich die Ausbringungsmenge x verändert, wenn wir ausgehend von $r_1 = 100$ Arbeitsstunden und $r_2 = 4$ GE die eingesetzte Arbeitszeit um 1% steigern:

r_1	100	101
x	12 800	12 928

und $\dfrac{12\,928}{12\,800} = 1{,}01 \widehat{=} + 1\%$; d.h. stecken wir 100 Arbeitsstunden und 4 GE in den Produktionsprozess und erhöhen bei gleichem Kapital die Arbeitsstunden um 1% auf 101 Stunden, so steigert sich die Ausbringungsmenge um 128 ME bzw. um 1%. Diese Erhöhung der Ausbringungsmenge um 1% erhalten wir auch über die sogenannte **partielle Elastizität** des ersten Produktionsfaktors „Arbeitszeit":

$$\varepsilon_{r_1}(r_1; r_2) = x_{r_1}(r_1; r_2) \cdot \frac{r_1}{x(r_1; r_2)} = 2r_2^3 \cdot \frac{r_1}{2r_1 r_2^3}$$

An der Stelle $(100;4)$ beträgt die partielle Elastizität:

$$\varepsilon_{r_1}(100; 4) = 1$$

■ Wir möchten wissen, wie sich die Ausbringungsmenge x verändert, wenn wir ausgehend von $r_1 = 100$ Arbeitsstunden und $r_2 = 4$ GE das eingesetzte Kapital um 1% steigern:

r_2	4	4,04
x	12 800	13 187,8528

und $\dfrac{13\,187{,}8528}{12\,800} = 1{,}0303$; d.h. stecken wir 100 Arbeitsstunden und 4 GE in den Produktionsprozess und erhöhen bei gleicher Anzahl von Arbeitsstunden das Kapital um 1% auf 4,04 GE, so steigert sich die Ausbringungsmenge um etwa 3,03%. Diese Erhöhung der Ausbringungsmenge um etwa 3% erhalten wir auch über die **partielle Elastizität** des zweiten Produktionsfaktors:

$$\varepsilon_{r_2}(r_1; r_2) = x_{r_2}(r_1; r_2) \cdot \frac{r_2}{x(r_1; r_2)} = 6r_1 r_2^2 \cdot \frac{r_2}{2r_1 r_2^3}$$

An der Stelle $(100;4)$ beträgt die partielle Elastizität des zweiten Produktionsfaktors „Kapital":

$$\varepsilon_{r_2}(100; 4) = 3$$

Für jede differenzierbare ökonomische Funktion lässt sich die Elastizität berechnen und sinnvoll interpretieren.

Beispiel 8.8
Wir betrachten die Kostenfunktion:

$$K(x, y) = 5\,000 + 0{,}1x + 20y + 50xy; \quad x, y \geq 0$$

wobei x die produzierten ME des Guts I und y die produzierten Mengeneinheiten des Guts II bezeichnen.

■ Die partielle Elastizität des Guts I beträgt:

$$\varepsilon_x(x; y) = K_x(x; y) \cdot \frac{x}{K(x; y)}$$

$$= (0{,}1 + 50y) \cdot \frac{x}{5\,000 + 0{,}1x + 20y + 50xy}$$

Und an der Stelle (10;5):

$$\varepsilon_x(10; 5) = (0{,}1 + 50 \cdot 5) \cdot \frac{10}{7\,601} = \frac{2\,501}{7\,601} = 0{,}329$$

d.h. wird die Produktion von $x = 10$ ME und $y = 5$ ME gesteigert auf $x = 10{,}1$ ME und $y = 5$ ME, so steigern sich die Kosten um etwa 0,33%.

■ Die partielle Elastizität des Guts II beträgt:

$$\varepsilon_y(x; y) = K_y(x; y) \cdot \frac{y}{K(x; y)}$$

$$= (20 + 50x) \cdot \frac{y}{5\,000 + 0{,}1x + 20y + 50xy}$$

Und an der Stelle (10;5):

$$\varepsilon_y(10; 5) = (20 + 50 \cdot 10) \cdot \frac{5}{7\,601} = \frac{2\,600}{7\,601} = 0{,}3421$$

d.h. wird die Produktion von $x = 10$ ME und $y = 5$ ME gesteigert auf $x = 10$ ME und $y = 5{,}05$ ME, so steigern sich die Kosten um etwa 0,34%.

8.3 Partielle Ableitungen zweiter Ordnung

Ist eine Funktion $f(x_1, x_2, \ldots, x_n)$ partiell nach jeder Variablen differenziert worden, so liegen verschiedene Funktionen f_{x_1}, f_{x_2}, $\ldots, f_{x_n}$ vor. Diese sind wieder Funktionen von n Variablen. In manchen Zusammenhängen ist es von Interesse, sie abermals partiell zu differenzieren. Für $\dfrac{\partial}{\partial x_j}\left(\dfrac{\partial f}{\partial x_i}\right)$ wird dabei $\dfrac{\partial^2 f}{\partial x_j \partial x_i}$ geschrieben; (kurz: $f_{x_i x_j}$).

Beispiel 8.9

$f(x, y) = (x + 3)^3 + (y - 5)^4 - 6x^3y^2 \; ; x, y \in \mathbb{R}$

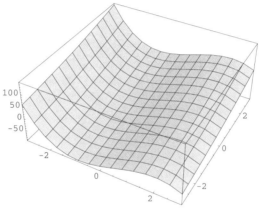

Erste partielle Ableitungen:

$f_x(x, y) = 3(x + 3)^2 - 18x^2y^2$

$f_y(x, y) = 4(y - 5)^3 - 12x^3y$

Zweite partielle Ableitungen:

$$f_{xx}(x, y) = \frac{\partial}{\partial x}\left(f_x(x, y)\right) = \frac{\partial}{\partial x}\left(3(x + 3)^2 - 18x^2y^2\right)$$
$$= 6(x + 3) - 36xy^2$$

$$f_{xy}(x, y) = \frac{\partial}{\partial y}\left(f_x(x, y)\right) = \frac{\partial}{\partial y}\left(3(x + 3)^2 - 18x^2y^2\right)$$
$$= -36x^2y$$

$$f_{yx}(x, y) = \frac{\partial}{\partial x}\left(f_y(x, y)\right) = \frac{\partial}{\partial x}\left(4(y - 5)^3 - 12x^3y\right)$$
$$= -36x^2y$$

$$f_{yy}(x,y) = \frac{\partial}{\partial y}\left(f_y(x,y)\right) = \frac{\partial}{\partial y}\left(4(y-5)^3 - 12x^3 y\right)$$
$$= 12(y-5)^2 - 12x^3$$

Die Ableitungen f_{xy} und f_{yx} werden als **gemischte Ableitungen** bezeichnet. Im Beispiel 8.9 gilt offenbar: $f_{xy}(x,y) = f_{yx}(x,y)$; d.h. es macht keinen Unterschied, ob zuerst nach x und anschließend nach y abgeleitet wird oder ob umgekehrt zuerst nach y und anschließend nach x.

Satz 8.10
Ist f zweimal stetig partiell differenzierbar, so gilt:

$$f_{xy}(x,y) = f_{yx}(x,y)$$

Ist f zweimal stetig partiell differenzierbar, so ist es für die gemischte Ableitung unterschiedslos, ob wir zuerst nach x und anschließend nach y partiell differenzieren, oder zuerst nach y und anschließend nach x.

Beispiel 8.11
Gesucht sind die ersten und zweiten partiellen Ableitungen der Funktion:

$$f(x,y) = \frac{x}{y} \; ; x,y > 0$$

Lösung:

$$f_x(x,y) = \frac{1}{y} \qquad f_{xx}(x,y) = 0$$
$$f_y(x,y) = -\frac{x}{y^2} \qquad f_{yy}(x,y) = \frac{2x}{y^3}$$
$$f_{xy}(x,y) = f_{yx}(x,y) = -\frac{1}{y^2}$$

Weitere Aufgaben mit Lösungen, um das partielle Ableiten zu üben, befinden sich im Kapitel 10.

8 Differentiation mit mehreren Variablen

8.4   Linear-homogen

Bei der Betrachtung von Cobb-Douglas Produktionsfunktionen im Beispiel 6.1 hatten wir schon gesehen, dass die Funktion die wünschenswerte Eigenschaft haben sollte, bei einer Verdopplung des Inputs auch den Output zu verdoppeln. Diese Eigenschaft sollte nicht nur für eine Verdopplung des Inputs gelten, sondern auch für jedes andere Vielfache des Inputs; eine solche Funktion wird dann auch als „linear-homogene" Funktion bezeichnet:

Definition 8.12
Eine Funktion $f : D_f \to \mathbb{R}, D_f \subset R^n$ heißt **homogen vom Grad c**, $c > 0$, wenn gilt:

$$f(ax_1, ax_2, \ldots, ax_n) = a^c \cdot f(x_1, x_2, \ldots, x_n) \text{ für alle } a \in \mathbb{R}$$

Im Fall der Homogenität vom Grad $c = 1$ wird von einer **linear-homogenen** Funktion gesprochen.

Beispiel 8.13
Produktionsfunktion $x(r_1, r_2) = 7 \cdot r_1^{1/3} \cdot r_2^{2/3} \ ; r_1, r_2 \geq 0$

wobei $r_1 = $ den Produktionsfaktor Arbeitszeit und $r_2 = $ den Produktionsfaktor Kapital bezeichnen. Dann gilt z.B.:

$$x(8r_1, 8r_2) = 7 \cdot (8r_1)^{1/3} \cdot (8r_2)^{2/3} = 7 \cdot 8^{1/3} \cdot (r_1)^{1/3} \cdot 8^{2/3} \cdot (r_2)^{2/3} = 8 \cdot 7 \cdot r_1^{1/3} \cdot r_2^{2/3} = 8 \cdot x(r_1, r_2)$$

d.h. wird z.B. die achtfache Menge an Produktionsfaktoren in den Produktionsprozess gesteckt, so ergibt sich auch die achtfache Ausbringungsmenge. Da dies nicht nur für $a = 8$ gilt, ist die Produktionsfunktion linear-homogen.

8.5   Zusammenfassung

Prüfungstipp
Klausurthemen aus diesem Kapitel sind

■ die Bestimmung partieller Ableitungen erster und zweiter Ordnung,

■ die Berechnung partieller Elastizitäten sowie

■ die Berechnung der Grenzkosten von zwei Gütern.

9 Optimierung nichtlinearer Funktionen

Lernziele

In diesem Kapitel lernen Sie

- Extrem- und Sattelstellen,

- die Einsetz-Methode sowie

- die Lagrange-Methode kennen.

Unser letztes Ziel vor Ende des Buches ist es, von Funktionen der Form $f(x_1, x_2)$ Extremstellen zu bestimmen. Z.B. sollen wir für eine vorgegebene Gewinnfunktion $G(x_1, x_2)$ die Mengenkombination bestimmen, für die der Gewinn maximal ist. Oder es ist die Kosten-minimale Mengenkombination gesucht.

9.1 Extremstellen

Der Begriff „Extremstelle" lässt sich ohne Schwierigkeiten auf Funktionen mehrerer Variablen übertragen.

Definition 9.1

Gegeben sei eine Funktion $f : D_f \to \mathbb{R}, D_f \subset \mathbb{R}^n$. Ferner sei $x_0 \in D_f$. Gibt es eine „offene Umgebung" U von x_0, so dass gilt:

$f(x_0) \geq f(x)$ für alle $x \in U$,

so heißt x_0 **lokale Maximalstelle** von f. Und falls gilt:

$f(x_0) \leq f(x)$ für alle $x \in U$,

so heißt x_0 **lokale Minimalstelle** von f.

Unter einer offenen Umgebung von x_0 im $\mathbb{R}^2$ kann man sich einen Kreis (ohne Rand) um x_0 vorstellen, im $\mathbb{R}^3$ eine Kugel (ohne Schale).

Bei einer lokalen Extremstelle in $x_0 \in \mathbb{R}^n$ ist $f(x_0)$ lediglich in einer Umgebung von x_0 der kleinste bzw. der größte Funktionswert, jedoch ist $f(x_0)$ damit nicht zwangsläufig auch der kleinste bzw. größte Funktionswert im Definitionsbereich.

Definition 9.2
Gegeben sei eine Funktion $f : \mathsf{D}_f \to \mathbb{R}, \mathsf{D}_f \subset \mathbb{R}^n$. Gilt für $x_0 \in \mathsf{D}_f$:

$f(x_0) \geq f(x)$ für alle $x \in \mathsf{D}_f$ bzw. $f(x_0) \leq f(x)$ für alle $x \in \mathsf{D}_f$

so heißt x_0 **globale Maximalstelle** bzw. **globale Minimalstelle** von f.

Globale Extremstellen unterscheiden sich von lokalen Extremstellen dadurch, dass im gesamten Definitionsbereich der Funktionswert einer globalen Extremstelle am größten bzw. am kleinsten ist.

Um Extremstellen einer Funktion $f : \mathsf{D}_f \to \mathbb{R}, \mathsf{D}_f \subset \mathbb{R}^n$ zu bestimmen, werden die ersten und zweiten partiellen Ableitungen von f benötigt.

Beispiel 9.3
Der Graf der Funktion $f(x_1, x_2) = \sqrt{16 - x_1^2 - x_2^2}$; $x_1 \in [0; 4]$, $x_2 \in [0; \sqrt{16 - x_1^2}]$ sieht aus wie eine halbe Apfelsine, die auf der Schnittfläche liegt. Die Apfelsine ist ausgehöhlt, d.h. es existiert nur noch die Schale:

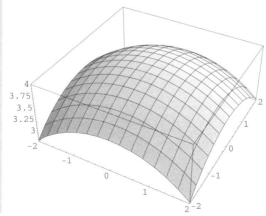

An der Stelle $x_0 = (0,0)$ hat die Funktion ihren größten Funktionswert $f(0,0) = \sqrt{16} = 4$; d.h. in $x_0 = (0,0)$ liegt ein globales Maximum von $f(x_1, x_2)$. Schneiden wir entlang der x_1-Achse eine hauchdünne Scheibe aus der Apfelsine, so hat diese „Schnittkurve" $h(x_1) = f(x_1, 0) = \sqrt{16 - x_1^2}$ an der Stelle $x_1 = 0$ die Steigung null. Und die Schnittkurve entlang der x_2-Achse $g(x_2) = f(0, x_2) = \sqrt{16 - x_2^2}$ hat in $x_2 = 0$ die Steigung null. Insbesondere ist also $f_{x_1}(0,0) = 0$ und $f_{x_2}(0,0) = 0$. Anschaulich betrachtet hat oben auf der Apfelsine sogar die Ableitung in jede Richtung (also nicht nur in Richtung der x_1-Achse sowie in Richtung der x_2-Achse) den Wert null.

Satz 9.4 (Notwendige Bedingung)
Die Funktion $f : D_f \to \mathbb{R}, D_f \subset \mathbb{R}^n$ sei in D_f einmal stetig partiell differenzierbar mit den Ableitungen $f_{x_1}, \ldots, f_{x_n}$. Hat $f(x_1, x_2, \ldots, x_n)$ eine lokale Extremstelle in $x_0 \in D_f$, so muss gelten:

$$f_{x_1}(x_0) = 0$$

$$f_{x_2}(x_0) = 0$$

$$\vdots$$

$$f_{x_n}(x_0) = 0$$

Die Stelle x_0 heißt dann **stationärer Punkt**.

Beispiel 9.5 (Fortsetzung von Beispiel 9.3)
Gesucht sind alle stationären Punkte der Funktion

$$f(x_1, x_2) = \sqrt{16 - x_1^2 - x_2^2} \ ; x_1 \in [0;4], x_2 \in [0; \sqrt{16 - x_1^2}]$$

Notwendige Bedingung:

$$\text{I} \quad 0 = f_{x_1}(x_1, x_2) = \frac{-x_1}{\sqrt{16 - x_1^2 - x_2^2}} \Rightarrow x_1 = 0$$

$$\text{II} \quad 0 = f_{x_2}(x_1, x_2) = \frac{-x_2}{\sqrt{16 - x_1^2 - x_2^2}} \Rightarrow x_2 = 0$$

d.h. $x_0 = (0;0)$ ist eine stationäre Stelle; d.h. oben auf der Apfelsine beträgt die Steigung null.

Beispiel 9.6

Gesucht sind alle stationären Punkte der Funktion:

$f(x_1, x_2, x_3) = \frac{1}{3}x_1^3 - 3x_2^2 - x_3^2 + 2x_2x_3 - x_1 + 2x_2 + 2x_3 + 4;$
$x_1, x_2, x_3 \in \mathbb{R}$

I $0 = f_{x_1}(x_1, x_2, x_3) = x_1^2 - 1 \Leftrightarrow x_1 = \pm 1$
II $0 = f_{x_2}(x_1, x_2, x_3) = -6x_2 + 2x_3 + 2$
III $0 = f_{x_3}(x_1, x_2, x_3) = -2x_3 + 2x_2 + 2$

$\Rightarrow$ II+III: $0 = -4x_2 + 4 \Leftrightarrow x_2 = 1$

$\Rightarrow$ II: $0 = -6x_2 + 2x_3 + 2 = -6 + 2x_3 + 2 = -4 + 2x_3 \Leftrightarrow x_3 = 2$

d.h. alle ersten partiellen Ableitungen sind null in den beiden
Punkten $(1, 1, 2)$ und $(-1, 1, 2)$.

Liegen genau zwei Variablen vor, so macht es keinen Unterschied,
ob mit der Bezeichnung $(x_1; x_2)$ gerechnet wird oder mit der Bezeichnung (x, y).

Beispiel 9.7

Gesucht sind alle stationären Punkte der Funktion:

$f(x, y) = (x + y)^3 - 12xy \; ; x, y \in \mathbb{R}.$

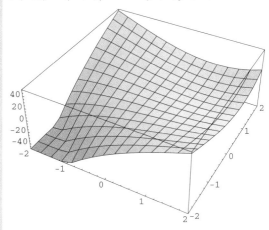

I $0 = f_x(x, y) = 3(x + y)^2 - 12y$ $\Big\}$ $\Rightarrow 12x = 12y \Leftrightarrow x = y$
II $0 = f_y(x, y) = 3(x + y)^2 - 12x$

I $0 = 3(2x)^2 - 12x = 12x^2 - 12x \Leftrightarrow x = 0$ oder $x = 1$

Da $x = y$ gilt, gibt es nur die beiden stationären Stellen $(0, 0)$
und $(1, 1)$.

⚠ Erfahrungsgemäß bereitet es Studierenden häufig Schwierigkeiten zu erkennen, wie viele Extremstellen vorliegen. Diese Schwierigkeit entfällt, wenn eine Fallunterscheidung gemacht wird:

Beispiel 9.8
Frage: Wieso lagen im Beispiel 9.7 nicht die vier stationären Stellen (0;0) und (0;1) und (1;0) und (1;1) vor?

Antwort: Die Überprüfung der notwendigen Bedingung im Beispiel 9.7 ergab:

[1] $x = y$

[2] $x = 0$ oder $x = 1$

Fallunterscheidung:

1. Fall: $x = 0 \Rightarrow y = x = 0$

2. Fall: $x = 1 \Rightarrow y = x = 1$

Jetzt ist klar, dass sowohl (0;1) als auch (1;0) keine stationären Stellen sein können, sondern nur (0;0) und (1;1).

Beispiel 9.9
Gesucht sind alle stationären Punkte der Funktion:

$$f(x, y, z) = x^2 y + xy^2 + \frac{1}{3}y^3 - 4y - \frac{1}{2}z^2 + z \; ; x, y, z \in \mathbb{R}$$

I $0 = f_x(x, y, z) = 2xy + y^2$
II $0 = f_y(x, y, z) = x^2 + \underbrace{2xy + y^2}_{=0} - 4 = x^2 - 4 \Leftrightarrow x = \pm 2$
III $0 = f_z(x, y, z) = -z + 1 \Leftrightarrow z = 1$

$$\text{I} : 0 = 2xy + y^2 = \begin{cases} 4y + y^2 & \Leftrightarrow y = 0 \text{ oder } y = -4; \text{falls } x = 2 \\ -4y + y^2 & \Leftrightarrow y = 0 \text{ oder } y = 4; \text{falls } x = -2 \end{cases}$$

d.h. alle ersten partiellen Ableitungen sind null in den vier Punkten $(2, 0, 1)$ und $(2, -4, 1)$ und $(-2, 0, 1)$ und $(-2, 4, 1)$.

Um zu erkennen, ob eine stationäre Stelle $(x_0, y_0) \in \mathbb{R}^2$ ein Extremum ist, brauchen wir noch eine hinreichende Bedingung. Analog zum Fall der Funktionen einer Variablen entscheiden die zweiten Ableitungen darüber, ob ein Extremum vorliegt. Ist die Differenz:

$$D(x_0, y_0) = f_{xx}(x_0, y_0) \cdot f_{yy}(x_0, y_0) - [f_{xy}(x_0, y_0)]^2$$

größer als Null, so liegt an der Stelle (x_0, y_0) entweder der Gipfel eines Berges (Maximum) oder die tiefste Stelle einer Talmulde

(Minimum). Anschließend entscheidet das Vorzeichen der zweiten Ableitung $f_{xx}(x_0, y_0)$ darüber, ob ein Gipfel oder ob eine tiefste Stelle einer Talmulde vorliegen.

Satz 9.10 (Hinreichende Bedingung)

Die Funktion $f : D_f \rightarrow \mathbb{R}, D_f \subset \mathbb{R}^2$ sei in D_f zweimal stetig partiell differenzierbar mit den Ableitungen $f_x, f_y, f_{xx}, f_{xy}, f_{yy}$. Ferner sei: $D(x, y) = f_{xx}(x, y) \cdot f_{yy}(x, y) - [f_{xy}(x, y)]^2$. Wenn es ein $(x_0, y_0) \in D_f$ gibt mit $f_x(x_0, y_0) = 0$ und $f_y(x_0, y_0) = 0$, so gilt:

■ $D(x_0, y_0) > 0$ und $f_{xx}(x_0, y_0) < 0 \Rightarrow (x_0, y_0)$ lokale Maximalstelle von f

■ $D(x_0, y_0) > 0$ und $f_{xx}(x_0, y_0) > 0 \Rightarrow (x_0, y_0)$ lokale Minimalstelle von f

■ $D(x, y) > 0$ und $f_{xx}(x, y) < 0$ für alle $(x, y) \in D_f \Rightarrow (x_0, y_0)$ globale Maximalstelle von f

■ $D(x, y) > 0$ und $f_{xx}(x, y) > 0$ für alle $(x, y) \in D_f \Rightarrow (x_0, y_0)$ globale Minimalstelle von f

---

Sind also die Bedingungen im Satz 9.10 lediglich an der Stelle (x_0, y_0) erfüllt, so liegt eine lokale Extremstelle vor. Sind hingegen im Satz 9.10 für <u>alle</u> x, y aus dem Definitionsbereich die Bedingungen erfüllt, so liegt eine globale Extremstelle vor.

Für das Vorliegen einer globalen Extremstelle darf weder die Differenz D noch die Ableitung f_{xx} einen Vorzeichenwechsel machen.

Beispiel 9.11

■ Würde $f_{xx}(x; y) = (x - 7)^2 + 5$ die zweite partielle Ableitung sein, so wäre diese Ableitung immer positiv, f_{xx} würde also keinen Vorzeichenwechsel machen.

■ Würde $f_{xx}(x; y) = x - 7$ die zweite partielle Ableitung sein und wäre $x \in \mathbb{R}$, so würde f_{xx} einen Vorzeichenwechsel machen, da z.B. gilt: $f_{xx}(2; 3) = 2 - 7 = -5 < 0$ und $f_{xx}(9; 4) = 9 - 7 = 2 > 0$.

■ Würde $f_{xx}(x; y) = -\dfrac{1}{x^2}$ die zweite partielle Ableitung sein, so wäre diese Ableitung immer negativ, f_{xx} würde also keinen Vorzeichenwechsel machen.

Beispiel 9.12 (Fortsetzung von Beispiel 9.5)

Betrachten wir noch einmal aus Beispiel 9.3 die durchgeschnittene Apfelsine, die auf der Schnittfläche liegt, d.h. $f(x, y) = \sqrt{16 - x^2 - y^2}$;$x_1 \in [0; 4]$, $x_2 \in [0; \sqrt{16 - x_1^2}]$. Beim Blick auf den Grafen von f ist klar, dass f in $(0, 0)$ ein globales Maximum besitzt. Diese Maximum wollen wir jetzt rechnerisch nachweisen. Im Beispiel 9.5 hatten wir bereits die notwendige Bedingung überprüft: $(0;0)$ ist eine stationäre Stelle.

Hinreichende Bedingung:

$$f_{xx}(x, y) = \frac{-1}{\sqrt{16 - x^2 - y^2}} - \frac{x^2}{\left(\sqrt{16 - x^2 - y^2}\right)^3}$$

$$f_{xy}(x, y) = -\frac{xy}{\left(\sqrt{16 - x^2 - y^2}\right)^3}$$

$$f_{yy}(x, y) = \frac{-1}{\sqrt{16 - x^2 - y^2}} - \frac{y^2}{\left(\sqrt{16 - x^2 - y^2}\right)^3}$$

Daraus folgt mit $\sqrt{} = \sqrt{16 - x^2 - y^2}$:

$$D(x, y) = f_{xx}(x, y) \cdot f_{yy}(x, y) - (f_{xy}(x, y))^2$$

$$= \left(\frac{-1}{\sqrt{}} - \frac{x^2}{(\sqrt{})^3}\right) \cdot \left(\frac{-1}{\sqrt{}} - \frac{y^2}{(\sqrt{})^3}\right) - \frac{x^2 y^2}{(\sqrt{})^6}$$

$$= \frac{1}{(\sqrt{})^2} + \frac{x^2}{(\sqrt{})^4} + \frac{y^2}{(\sqrt{})^4} + \frac{x^2 y^2}{(\sqrt{})^6} - \frac{x^2 y^2}{(\sqrt{})^6}$$

$$= \frac{1}{(\sqrt{})^2} + \frac{x^2}{(\sqrt{})^4} + \frac{y^2}{(\sqrt{})^4}$$

$$> 0 \text{ für alle}(x, y) \in \mathsf{D}_f$$

Ferner gilt:

$f_{xx}(x, y) < 0$ für alle$(x, y) \in \mathsf{D}_f$

d.h. $f(x, y)$ hat in $(0, 0)$ ein globales Maximum.

Sind die beiden Verkaufspreise p_1 und p_2 zweier Güter gegeben, so beträgt die gemeinsame Umsatzfunktion: $U(x_1, x_2) = p_1 \cdot x_1 + p_2 \cdot x_2$, wobei x_1 die ME von Gut I und x_2 die ME von Gut II bezeichnen.

Beispiel 9.13
Ein Unternehmen fertigt zwei Produkte P_1 und P_2. Die produzierten und abgesetzten Mengeneinheiten von P_1 betragen x, die produzierten und abgesetzten Mengeneinheiten von P_2 betragen y. Der Verkaufspreis von einer Mengeneinheit (ME) von Produkt P_1 beträgt 18 Geldeinheiten (GE), der Verkaufspreis von einer ME von P_2 beträgt 9 GE. Die Kosten betragen:

$$K(x,y) = 3xy + 4{,}5x^2 + y^2 + 10; \quad x,y \in [0;5]$$

Gesucht ist der maximale Gewinn.

Lösung:

Umsatz $U(x,y) = 18x + 9y$

Gewinn $G(x,y) = U(x,y) - K(x,y) = 18x + 9y - 3xy - 4{,}5x^2 - y^2 - 10$

$$\begin{aligned} G_x(x,y) &= 18 - 3y - 9x & G_{xx}(x,y) &= -9 \\ G_y(x,y) &= 9 - 3x - 2y & G_{yy}(x,y) &= -2 \\ & & G_{xy}(x,y) &= -3 \end{aligned}$$

Notwendige Bedingung:

I	$0 = 18 - 3y - 9x$
II	$0 = 9 - 3x - 2y$

I	$0 = 18 - 9x - 3y$
$3 \cdot$ II	$0 = 27 - 9x - 6y$

I $- 3 \cdot$ II	$0 = -9 + 3y \Leftrightarrow y = 3$
I	$0 = 18 - 9 - 9x \Leftrightarrow x = 1$

d.h. $(x,y) = (1;3)$ ist eine mögliche Extremstelle.

Hinreichende Bedingung:

$$D(x,y) = (-9) \cdot (-2) - (-3)^2 = 9 > 0 \text{ für alle } x,y \in [0;5]$$

$$G_{xx}(x,y) = -9 < 0 \text{ für alle } x,y \in [0;5]$$

d.h. $(x,y) = (1;3)$ ist eine globale Maximalstelle; d.h. die Gewinn-maximale Mengenkombination beträgt $x = 1$ und $y = 3$. Und der maximale Gewinn beträgt $G(1;3) = 12{,}5$ GE.

Wird die Gewinn-maximale Mengenkombination zweier Güter in die einzelnen Preis-Absatz Funktionen der beiden Güter eingesetzt, so heißen diese beiden Preise **Gewinn-maxinmale Preise**:

Beispiel 9.14

Ein Monopolist verkauft zwei Produkte mit folgenden Preis-Absatz Funktionen:

$$p_1(x_1) = 16 - 2x_1; \quad x_1 \in [0; 8]$$

$$p_2(x_2) = 12 - x_2; \quad x_2 \in [0; 12]$$

Seine Gesamtkosten betragen:

$$K(x_1, x_2) = x_1^2 + 4x_1x_2 + x_2^2 \quad ; x_1 \in [0; 8]; \quad x_2 \in [0; 12]$$

wobei p_1 bzw. p_2 die Marktpreise von Produkt 1 bzw. Produkt 2 bezeichnen und x_1 bzw. x_2 die Produktions- und Absatzmengen von Produkt 1 bzw. Produkt 2. Gesucht ist der Preis für jedes Produkt, so dass ein maximaler Gewinn erreicht wird.

Lösung:

Umsatz(Erlös):

$$\begin{aligned} U(x_1, x_2) &= p_1 \cdot x_1 + p_2 \cdot x_2 \\ &= (16 - 2x_1) \cdot x_1 + (12 - x_2) \cdot x_2 \\ &= 16x_1 - 2x_1^2 + 12x_2 - x_2^2 \end{aligned}$$

Gewinn:

$$\begin{aligned} G(x_1, x_2) &= U(x_1, x_2) - K(x_1, x_2) \\ &= 16x_1 - 2x_1^2 + 12x_2 - x_2^2 - (x_1^2 + 4x_1x_2 + x_2^2) \\ &= -3x_1^2 - 2x_2^2 - 4x_1x_2 + 16x_1 + 12x_2 \end{aligned}$$

Ableitungen:

$$G_{x_1}(x_1, x_2) = -6x_1 - 4x_2 + 16 \qquad G_{x_1x_1}(x_1, x_2) = -6$$
$$G_{x_2}(x_1, x_2) = -4x_2 - 4x_1 + 12 \qquad G_{x_2x_2}(x_1, x_2) = -4$$
$$G_{x_1x_2}(x_1, x_2) = -4$$

Notwendige Bedingung:

$$\begin{array}{ll} \text{I} & 0 = -6x_1 - 4x_2 + 16 \\ \underline{\text{II} \quad 0 = -4x_2 - 4x_1 + 12} \\ \text{I} - \text{II} \quad 0 = -2x_1 + 4 \qquad \Leftrightarrow x_1 = 2 \\ \text{I} \quad 0 = -6 \cdot 2 - 4x_2 + 16 = -12 - 4x_2 + 16 = 4 - 4x_2 \\ \qquad \Leftrightarrow x_2 = 1 \end{array}$$

Hinreichende Bedingung:

$D = (-6) \cdot (-4) - (-4)^2 = 24 - 16 = 8 > 0$ für alle $(x_1, x_2) \in [0; 8] \times [0; 12]$

$G_{x_1x_1}(x_1, x_2) = -6 < 0$ für alle $(x_1, x_2) \in [0; 8] \times [0; 12]$

d.h. (2;1) glob. Maximalstelle.

Gewinn-maximale Preise:

$p_1(2) = 16 - 2 \cdot 2 = 12$

$p_2(1) = 12 - 1 = 11$

d.h. die Gewinn-maximalen Mengen betragen $x_1 = 2$ ME und $x_2 = 1$ ME und die Gewinn-maximalen Preise sind $p_1 = 12$ GE und $p_2 = 11$ GE.

9.2   Sattelstellen

Ist die Differenz $f_{xx}(x_0, y_0) \cdot f_{yy}(x_0, y_0) - (f_{xy}(x_0, y_0))^2$ für einen stationären Punkt $(x_0, y_0) \in \mathbb{R}^2$ nicht positiv, sondern negativ, so liegt keine lokale Extremstelle vor, sondern eine Sattelstelle:

Satz 9.15 (Sattelstelle)
Die Funktion $f : \mathsf{D}_f \to \mathbb{R}, \mathsf{D}_f \subset \mathbb{R}^2$ sei in D_f zweimal stetig partiell differenzierbar. Gilt für $(x_0, y_0) \in \mathsf{D}_f$:

- $f_x(x_0, y_0) = 0$

- $f_y(x_0, y_0) = 0$

- $f_{xx}(x_0, y_0) \cdot f_{yy}(x_0, y_0) - (f_{xy}(x_0, y_0))^2 < 0$

so ist (x_0, y_0) eine Sattelstelle.

Beispiel 9.16
Wir suchen für die Funktion $f(x, y) = x^2 - y^2$; $x, y \in \mathbb{R}$ die Sattelstelle. Zunächst bilden wir die partiellen Ableitungen erster und zweiter Ordnung:

$$f_x(x, y) = 2x \qquad f_{xx}(x, y) = 2$$
$$f_y(x, y) = -2y \qquad f_{yy}(x, y) = -2$$
$$f_{xy}(x, y) = 0$$

Wir suchen die Nullstelle der ersten Ableitung:

I $0 = f_x(x, y) = 2x \;\; \Rightarrow x = 0$
II $0 = f_y(x, y) = -2y \Rightarrow y = 0$

d.h. die erste Ableitung ist null an der Stelle $\binom{x}{y} = \binom{0}{0}$.

Wir überprüfen das Vorzeichen der Differenz $D(0,0)$:

$$f_{xx}(0,0) \cdot f_{yy}(0,0) - (f_{xy}(0,0))^2 = 2 \cdot (-2) - 0 = -4 < 0$$

d.h. $\binom{0}{0}$ ist eine Sattelstelle.

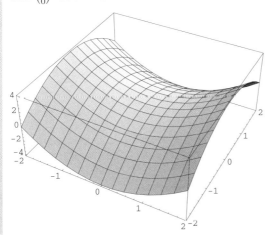

Aus der Grafik im Beispiel 9.16 ist der Name Sattelstelle auch visuell einleuchtend. Die Funktion sieht aus wie ein Pferdesattel. Sie ist konkav gewölbt, wo die Beine des Reiters herunterbaumeln. Und vor dem Reiter und hinter dem Rücken des Reiters ist die Funktion konvex gewölbt.

Beispiel 9.17
Für die Funktion $f(x,y) = \dfrac{3}{2}x^2 - 3xy - 6x + \dfrac{3}{4}y^3 + 3y$; $\ x,y \in \mathbb{R}$ sind Extrem- und Sattelstellen gesucht.

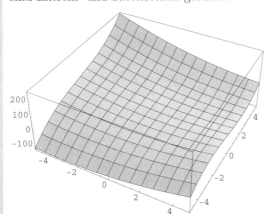

Zunächst bilden wir die partiellen Ableitungen erster und zweiter Ordnung:

$$f_x(x,y) = 3x - 3y - 6 \qquad f_{xx}(x,y) = 3$$
$$f_y(x,y) = -3x + \tfrac{9}{4}y^2 + 3 \quad f_{yy}(x,y) = \tfrac{9}{2}y$$
$$f_{xy}(x,y) = -3$$

Notwendige Bedingung:

I $\quad 0 = 3x - 3y - 6$

II $\quad 0 = -3x + \tfrac{9}{4}y^2 + 3$

I+II $0 = \tfrac{9}{4}y^2 - 3y - 3$

$\Leftrightarrow \quad 0 = y^2 - \tfrac{4}{3}y - \tfrac{4}{3}$

$\Leftrightarrow \quad y = \tfrac{2}{3} \pm \sqrt{\tfrac{4}{9} + \tfrac{4}{3}} \;=\; \tfrac{2}{3} \pm \sqrt{\tfrac{16}{9}} = \tfrac{2}{3} \pm \tfrac{4}{3}$

$\Leftrightarrow \quad y = 2 \text{ oder } y = -\tfrac{2}{3}$

$$\text{I } x = y + 2 = \begin{cases} 4 & \text{falls } y = 2 \\[4pt] \dfrac{4}{3} & \text{falls } y = -\tfrac{2}{3} \end{cases}$$

d.h. stationäre Stellen sind die beiden Punkte $(4, 2)$ und $(\tfrac{4}{3}, -\tfrac{2}{3})$.

Hinreichende Bedingung:

$$D(x,y) = f_{xx}(x,y) \cdot f_{yy}(x,y) - \left(f_{xy}(x,y)\right)^2 = \frac{27}{2}y - 9$$

◼ Stelle $(4, 2)$:

$\quad D(4,2) = \tfrac{27}{2} \cdot 2 - 9 = 27 - 9 = 18 > 0$

$\quad f_{xx}(x,y) = 3 > 0$

d.h. $(4, 2)$ ist eine lokale Minimalstelle.

◼ Stelle $(\dfrac{4}{3}, -\dfrac{2}{3})$:

$\quad D(\dfrac{4}{3}, -\dfrac{2}{3}) = \dfrac{27}{2} \cdot \left(-\dfrac{2}{3}\right) - 9 = -9 - 9 = -18 < 0$

d.h. $(\dfrac{4}{3}, -\dfrac{2}{3})$ ist eine Sattelstelle.

Ist die Differenz $f_{xx}(x_0, y_0) \cdot f_{yy}(x_0, y_0) - \left(f_{xy}(x_0, y_0)\right)^2 = 0$ für einen stationären Punkt $(x_0, y_0) \in \mathbb{R}^2$, so können wir mit unseren Hilfsmitteln nicht entscheiden, ob (x_0, y_0) eine Extrem- oder Sattelstelle oder gar nichts von beidem ist.

9.3   Extremstellen unter Nebenbedingungen

Bei der Suche nach einem Maximum oder Minimum treten häufig einschränkende Zusatzbedingungen auf, z.B. dass im Lager nur Platz für insgesamt 100 ME der beiden Güter besteht. Mathematisch wird eine solche einschränkende Zusatzbedingung als **Nebenbedingung** bezeichnet und mit $x_1 + x_2 = 100$ notiert. Wir könnten auch schreiben: $x_1 + x_2 \leq 100$, jedoch ist bekanntlich das Rechnen mit Ungleichheitszeichen schwieriger als mit Gleichheitszeichen.

Die Nebenbedingungen sind beim Optimieren zu berücksichtigen. Wir werden zwei Methoden (Einsetz-Methode und Lagrange-Methode) kennen lernen, um Extremstellen unter Nebenbedingungen zu bestimmen. Dazu werden wir im Folgenden ausschließlich Nebenbedingungen betrachten, bei denen die Kapazitäten vollständig ausgelastet sind; d.h. z.B. soll das zur Verfügung stehende Budget vollständig ausgegeben werden oder die zur Verfügung stehende Lagerfläche soll vollständig ausgenutzt werden oder das zur Verfügung stehende Rohmaterial soll vollständig verbraucht werden.

9.3.1   Einsetz-Methode

Ein einfaches Verfahren, um Extremstellen unter Nebenbedingungen zu bestimmen, ist die **Einsetz-Methode**, die wir im Beispiel 9.18 kennen lernen werden. Bei der Einsetz-Methode wird die Nebenbedingung, z.B. $x + y = 100$, nach einer Variablen aufgelöst, z.B. $y = 100 - x$. Dadurch kann eine Variable in der zu optimierenden Funktion $f(x, y)$ ersetzt/substituiert werden, so dass die zu optimierende Funktion, statt von zwei Variablen, nur noch von einer Variablen abhängt. Die Einsetz-Methode wird deshalb in der Literatur auch als „Verfahren der Variablensubstitution" bezeichnet.

Beispiel 9.18 (Einsetz-Methode)
Gegeben ist die Nutzenfunktion (in GE) zweier Güter:

$$u(x_1, x_2) = x_1 \cdot x_2 \; ; x_1, x_2 \geq 0;$$

wobei x_1 den Konsum in ME von Gut I, x_2 den Konsum in ME von Gut II, $p_1 = 4$ den Preis von Gut I pro ME und $p_2 = 2$ den Preis von Gut II pro ME bezeichnen. Zum Kauf der beiden Güter stehen nur acht Geldeinheiten zur Verfügung. Gesucht ist der maximale Nutzen unter Berücksichtigung des zur Verfügung stehenden Budgets. Mathematisch ausgedrückt suchen wir somit das globale Maximum von $u(x_1, x_2)$ unter der Budgetrestriktion/Nebenbedingung:

$$8 = 4x_1 + 2x_2$$

Auflösen der Nebenbedingung nach x_2 ergibt:

$$x_2 = 4 - 2x_1$$

Wir setzen den erhaltenen Wert für x_2 in die Funktionsgleichung ein, dann haben wir eine Funktion von nur noch einer Variablen; die Funktion bezeichnen wir ebenfalls mit u:

$$x_1 \cdot x_2 = x_1 \cdot (4 - 2x_1) = \underbrace{4x_1 - 2x_1^2}_{=u(x_1)}$$

Jetzt können wir für die Funktion $u(x_1)$ wie gewohnt (vgl. Satz 7.46) die Extremstellen bestimmen.

Notwendige Bedingung:

$$0 = u'(x_1) = 4 - 4x_1 \Leftrightarrow x_1 = 1 \Rightarrow x_2 = 4 - 2 = 2$$

Hinreichende Bedingung:

$$u''(x_1) = -4 < 0$$

d.h. $u(x_1; x_2)$ hat in $(x_1; x_2) = (1; 2)$ ein globales Maximum unter Berücksichtigung der Nebenbedingung.

Ob eine Nebenbedingung (im Folgenden mit NB abgekürzt) nach der ersten Variablen oder wie im Beispiel 9.18 nach der zweiten Variablen aufgelöst wird, macht für das Ergebnis keinen Unterschied, beide Wege führen zu derselben Lösung.

Beispiel 9.19
Ein Monopolist kann sein Produkt auf zwei verschiedenen Märkten verkaufen. Für die produzierte und abgesetzte Menge x_1 auf Markt 1 und für die produzierte und abgesetzte Menge x_2 auf Markt 2 gelten die Kostenfunktion $K(x_1, x_2)$ und die Gewinnfunktion $G(x_1, x_2)$:

$$K(x_1, x_2) = x_1^2 + x_2^2 + 5x_1 + 12x_2 + 1 \ ; x_1, x_2 \in [0; 50]$$

$$G(x_1, x_2) = -x_1^2 - x_2^2 + x_1 x_2 + 5x_1 + 8x_2 - 1 \ ; x_1, x_2 \in [0; 50]$$

Insgesamt sollen auf den beiden Märkten genau 40 ME des Produkts abgesetzt werden.

Für welche Mengenkombination (x_1, x_2) wird der Umsatz maximal?

Wird die ökonomische Gleichung 6.7 „Gewinn gleich Umsatz minus Kosten" umgeformt zu „Umsatz gleich Gewinn plus Kosten", so ergibt sich:

Umsatz $U(x_1, x_2) = 10x_1 + 20x_2 + x_1 x_2$; $x_1, x_2 \in [0; 50]$

Unser Ziel lautet: $U(x_1; x_2) \overset{!}{=}$ maximal unter NB $x_1 + x_2 = 40 \Leftrightarrow x_2 = 40 - x_1$

Setze: $U(x_1) = 10x_1 + 20(40 - x_1) + x_1(40 - x_1) = -x_1^2 + 30x_1 + 800$

Notwendige Bedingung:

$0 = U'(x_1) = -2x_1 + 30 \Leftrightarrow x_1 = 15 \Rightarrow x_2 = 25$

Hinreichende Bedingung:

$U''(x_1) = -2 < 0$ für alle $x_1, x_2 \in [0; 50]$

d.h. der Umsatz $U(x_1; x_2)$ ist maximal in (15;25) unter Berücksichtigung der Nebenbedingung.

Mit Hilfe der Einsetz-Methode lässt sich eine Sattelstelle interpretieren; wir betrachten dazu ein Beispiel:

Beispiel 9.20
Gegeben ist die folgende nicht anwendungsbezogene Funktion:

$f(x, y) = 50 - (x - 3)^2 + (y - 5)^2$; $x, y \in \mathbb{R}$

[1] Gesucht ist das globale Maximum von f unter der Nebenbedingung: $14x + 28y = 182$

[2] Gesucht ist das globale Minimum von f unter der Nebenbedingung: $39x + 13y = 182$

[3] Gesucht sind Extremstellen von f unter der Nebenbedingung: $22{,}75x + 22{,}75y = 182$

Lösung:

[1] Einsetz-Methode

NB $14x + 28y = 182 \Leftrightarrow y = 6{,}5 - 0{,}5x$

Setze: $f(x) = 50 - (x - 3)^2 + (6{,}5 - 0{,}5x - 5)^2 = 50 - (x - 3)^2 + (1{,}5 - 0{,}5x)^2$

$0 = f'(x) = -2(x - 3) - (1{,}5 - 0{,}5x) = -1{,}5x + 4{,}5 \Leftrightarrow x = 3 \Rightarrow y = 5$

$f''(x) = -1{,}5 <_{\text{immer}} 0$

d.h. (3;5) glob. Maximalstelle von f unter der NB.

[2] Einsetz-Methode

NB $39x + 13y = 182 \Leftrightarrow y = 14 - 3x$

Setze: $f(x) = 50 - (x - 3)^2 + (14 - 3x - 5)^2 = 50 - (x - 3)^2 + (9 - 3x)^2$

$0 = f'(x) = -2(x - 3) - 6(9 - 3x) = 16x - 48 \Leftrightarrow x = 3 \Rightarrow y = 5$

$f''(x) = 16 >_{\text{immer}} 0$

d.h. (3;5) glob. Minimalstelle von f unter der NB.

[3] NB $22{,}75x + 22{,}75y = 182 \Leftrightarrow y = 8 - x$

Setze: $f(x) = 50 - (x - 3)^2 + (8 - x - 5)^2 = 50 - (x - 3)^2 + (3 - x)^2 = 50$

d.h. für diese Nebenbedingung beträgt der Funktionswert von $f(x, y)$ konstant 50; d.h. es gibt keine eindeutige lokale Extremstelle unter dieser NB, sondern in jeder Stelle $\binom{x_0}{8-x_0}$ liegt gleichzeitig ein lokales Min und lokales Max.

Die Ergebnisse aus [1] und [2] sind verblüffend. Wieso liegt in der Stelle (3;5) einmal ein Max und einmal ein Min? Das liegt daran, dass die Stelle (3;5) eine Sattelstelle von $f(x, y)$ ist. Eigenschaft einer Sattelstelle ist es, dass sie die „Kreuzung" einer Minimal- und einer Maximalstelle ist.

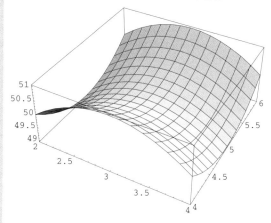

Wird die Funktion f entlang der x-Achse betrachtet, so liegt in (3;5) ein Maximum. Wird die Funktion entlang der y-Achse betrachtet, so liegt in (3;5) ein Minimum.

⚠ Die Einsetz-Methode kann verwendet werden, um eine Extremstelle unter einer Nebenbedingung zu bestimmen, wenn sich die Nebenbedingung nach einer Variablen auflösen lässt.

Macht es hingegen Schwierigkeiten, die Nebenbedingung nach einer Variablen aufzulösen, so sollte die Lagrange-Methode verwendet werden.

Beispiel 9.21

$f(x, y) = 7x + 5y - 28 \; ; x, y \in (0; 13)$

Ziel: $f(x, y) \overset{!}{=} \text{maximal unter NB } 5x^2 + y^2 = 870$

Einsetz-Methode:

$$\underbrace{y = -\sqrt{870 - 5x^2}}_{\notin \text{Def.bereich}} \text{ oder } y = \sqrt{870 - 5x^2}$$

Setze: $f(x) = 7x + 5\sqrt{870 - 5x^2} - 28$

$$f'(x) = 7 + \frac{5}{2\sqrt{870 - 5x^2}} \cdot (-10x) = 7 - \frac{25x}{\sqrt{870 - 5x^2}}$$

$$f''(x) = -\frac{25\sqrt{870 - 5x^2} - 25x \cdot \frac{-10x}{2\sqrt{870-5x^2}}}{870 - 5x^2}$$

$$= \frac{-25(870 - 5x^2) - 125x^2}{(870 - 5x^2)^{1,5}} = -\frac{2\,175}{(870 - 5x^2)^{1,5}}$$

Notwendige Bedingung:

$$0 = 7 - \frac{25x}{\sqrt{870 - 5x^2}}$$

$$25x = 7\sqrt{870 - 5x^2}$$

$$625x^2 = 49(870 - 5x^2)$$

$$870x^2 = 42\,630$$

$$x^2 = 49$$

$$x = 7 \text{ oder } \underbrace{x = -7}_{\notin \text{Def.bereich}} \Rightarrow y = \sqrt{870 - 5 \cdot 49} = 25$$

Hinreichende Bedingung:

$$f''(x) = -\frac{2\,175}{(870 - 5x^2)^{1,5}} <_{\text{immer}} 0; \text{ da } x \in (0; 13)$$

d.h. $f(x, y)$ hat in $(7; 25)$ ein globales Max unter Berücksichtigung der Nebenbedingung.

Das Beispiel 9.21 lässt sich einfacher berechnen mit der Lagrange-Methode. Insb. ist die Lagrange-Methode der Einsetz-Methode vorzuziehen, falls die Nebenbedingung nicht linear ist.

9.3.2   Lagrange-Methode

Zur Bestimmung von Extremstellen unter Nebenbedingungen steht neben der Einsetz-Methode eine weitere Methode zur Auswahl, die sogenannte Lagrange-Methode. Dazu wird eigens eine Lagrangefunktion aus der zu optimierenden Funktion und aus den Nebenbedingungen aufgestellt.

> **Beispiel 9.22**
> Für die Funktion $f(x, y) = (x - 3)^2 + (y - 2)^2$; $x \in \mathbb{R}^+, y \in \mathbb{R}^+$ wird das Minimum gesucht unter der Nebenbedingung $x^2 + y^2 = 208$. Um die Lagrangefunktion aufstellen zu können, formulieren wir die Nebenbedingung um zu einer Nebenbedingung in „Nullform":
>
> $$0 = x^2 + y^2 - 208$$
>
> Jetzt stellen wir folgende Funktion auf:
>
> $$L(x, y, \lambda) = \underbrace{(x - 3)^2 + (y - 2)^2}_{f(x,y)} + \lambda \cdot (\ \underbrace{x^2 + y^2 - 208}\ )$$
> $$\text{Nebenbedingung}$$
>
> $L(x, y, \lambda)$ ist die sogenannte „Lagrangefunktion" und λ (lies: lambda) ist der kleine griechische Buchstabe L.

Definition 9.23
Soll für eine Funktion $f : D_f \subset \mathbb{R}^2 \to \mathbb{R}$ eine Extremstelle unter einer Nebenbedingung bestimmt werden, so wird die Funktion $L(x, y, \lambda) = f(x, y) + \lambda \cdot$ (NB in Nullform) als **Lagrangefunktion** bezeichnet. ($\lambda \in \mathbb{R}$)

Die Variable λ der Lagrangefunktion heißt **Lagrange-Multiplikator** und lässt sich ökonomisch interpretieren. Die Interpretation von λ werden wir im Beispiel 9.31 kennen lernen.

Im Beispiel 9.22 kann die Nebenbedingung in Nullform auch lauten: $0 = 208 - x^2 - y^2$. Deshalb dürfte die Lagrangefunktion auch lauten: $L(x, y, \lambda) = f(x, y) - \lambda \cdot$ (NB in Nullform). Wir werden uns im Folgenden jedoch immer an die Definition 9.23 halten.

Die notwendige Bedingung der Lagrange-Methode bedeutet, dass die Nullstelle der ersten partiellen Ableitung eine mögliche Extremstelle unter der Nebenbedingung ist.

Beispiel 9.24 (Fortsetzung des Beispiels 9.22)

Für die Lagrangefunktion

$$L(x, y, \lambda) = (x-3)^2 + (y-2)^2 + \lambda(x^2 + y^2 - 208) \;\; ; x, y > 0; \lambda \in \mathbb{R}$$

überprüfen wir die notwendige Bedingung:

I $\quad 0 = L_x(x, y, \lambda) = 2(x - 3) + 2\lambda x \Leftrightarrow 0 = 2x - 6 + 2\lambda x$

II $\quad 0 = L_y(x, y, \lambda) = 2(y - 2) + 2\lambda y \Leftrightarrow 0 = 2y - 4 + 2\lambda y$

III $\;\; 0 = L_\lambda(x, y, \lambda) = x^2 + y^2 - 208$

Da $x \neq 0$ und $y \neq 0$ sind, dürfen wir die ersten beiden Gleichungen mit x bzw. mit y multiplizieren:

$$y \cdot \text{I} \qquad 0 = 2xy - 6y + 2\lambda xy$$
$$x \cdot \text{II} \qquad 0 = 2xy - 4x + 2\lambda xy$$

$$\overline{y \cdot \text{I} - x \cdot \text{II} \;\; 0 = -6y + 4x \Leftrightarrow x = \frac{3}{2}y}$$

Jetzt setzen wir den Ausdruck $\frac{3}{2}y$ für x in die dritte Gleichung ein und erhalten:

III $\; 0 = x^2 + y^2 - 208 = \left(\frac{3}{2}y\right)^2 + y^2 - 208 = \frac{13}{4}y^2 - 208$

$$\Leftrightarrow y^2 = \frac{208 \cdot 4}{13} = 64 \Leftrightarrow y = \pm\sqrt{64} \Leftrightarrow y = 8 \text{ oder } y = -8$$

Da gilt $y \in \mathbb{R}^+$, kann y nur den Wert $y = 8$ haben. Daraus folgt: $x = \frac{3}{2} \cdot 8 = 12$; d.h. eine mögliche Extremstelle liegt in $(x; y) = (12; 8)$

Wir berechnen noch den Wert für λ aus der ersten Gleichung:

I $\; 0 = 2 \cdot 12 - 6 + 2 \cdot \lambda \cdot 12$

$\quad 0 = 18 + 24 \cdot \lambda \Leftrightarrow \lambda = -0{,}75$

D.h. die ersten partiellen Ableitungen der Lagrangefunktion sind null an der Stelle $(x_0; y_0; \lambda_0) = (12; 8; -0{,}75)$; d.h. (12;8) ist eine mögliche Extremstelle von f unter Berücksichtigung der Nebenbedingung.

Für die hinreichende Bedingung der Lagrange-Methode werden nur die folgenden zweiten partiellen Ableitungen: L_{xx}, L_{yy}, L_{xy} benötigt. Im Einzelnen lautet die hinreichende Bedingung der Lagrange-Methode wie folgt:

Satz 9.25 (Lagrange-Methode)

Für die Funktion $f : D_f \subset \mathbb{R}^2 \to \mathbb{R}$ seien $(x_0, y_0) \in D_f$ und $(x_0, y_0, \lambda_0) \in \mathbb{R}^3$ ein Punkt mit $L_x(x_0, y_0, \lambda_0) = 0$ und $L_y(x_0, y_0, \lambda_0) = 0$ und $L_\lambda(x_0, y_0, \lambda_0) = 0$. Ferner sei $D(x, y, \lambda) = L_{xx}(x, y, \lambda) \cdot L_{yy}(x, y, \lambda) - (L_{xy}(x, y, \lambda))^2$. So gilt:

- ▪ $D(x_0, y_0, \lambda_0) > 0$ und $L_{xx}(x_0, y_0, \lambda_0) < 0 \Rightarrow (x_0, y_0)$ lokale Maximalstelle von f unter Berücksichtigung der Nebenbedingungen

- ▪ $D(x_0, y_0, \lambda_0) > 0$ und $L_{xx}(x_0, y_0, \lambda_0) > 0 \Rightarrow (x_0, y_0)$ lokale Minimalstelle von f unter Berücksichtigung der Nebenbedingungen

- ▪ $D(x, y, \lambda_0) > 0$ und $L_{xx}(x, y, \lambda_0) < 0$ für alle $(x, y) \in D_f \Rightarrow (x_0, y_0)$ globale Maximalstelle von f unter Berücksichtigung der Nebenbedingungen

- ▪ $D(x, y, \lambda_0) > 0$ und $L_{xx}(x, y, \lambda_0) > 0$ für alle $(x, y) \in D_f \Rightarrow (x_0, y_0)$ globale Minimalstelle von f unter Berücksichtigung der Nebenbedingungen

Der Unterschied zwischen einer lokalen und globalen Extremstelle in Satz 9.25 besteht darin, dass für eine lokale Extremstelle die Stelle (x_0, y_0) sowohl bei der Differenz D als auch bei der Ableitung L_{xx} eingesetzt wird. Hingegen darf für das Vorliegen einer globalen Extremstelle die Stelle (x_0, y_0) weder in die Differenz D noch in die Ableitung L_{xx} eingesetzt werden; d.h. für eine globale Extremstelle dürfen sowohl die Differenz D als auch die Ableitung L_{xx} keinen Vorzeichenwechsel machen. (Der Wert von λ_0 wird in allen Bedingungen der Lagrange-Methode 9.25 eingesetzt, also sowohl für lokale als auch globale Extremstellen.)

Beispiel 9.26

- ▪ Würde die zweite partielle Ableitung lauten $L_{xx}(x, y, \lambda) = x^2 + 1$, so wäre diese Ableitung immer positiv, L_{xx} würde also keinen Vorzeichenwechsel machen.

- ▪ Würde die zweite partielle Ableitung lauten $L_{xx}(x, y, \lambda) = x + 1$ und wäre $x \in \mathbb{R}$, so würde L_{xx} einen Vorzeichenwechsel machen, da z.B. gilt: $L_{xx}(-5, y, \lambda) = -4 < 0$ und $L_{xx}(3, y, \lambda) = 4 > 0$.

■ Würde die zweite partielle Ableitung lauten $L_{xx}(x, y, \lambda) = x + 1$ und wäre $x \in [0; \infty)$, so wäre diese Ableitung immer positiv, L_{xx} würde also keinen Vorzeichenwechsel machen.

Das Beispiel 9.22 lässt sich mit der Einsetz-Methode ebenfalls lösen, jedoch bereitet die Auflösung der Nebenbedingung nach einer Variablen einige Schwierigkeiten. Wir werden die Lösung mit Hilfe der Lagrange-Methode 9.25 bestimmen:

Beispiel 9.27 (Fortsetzung des Beispiels 9.24)
Für die Lagrangefunktion

$$L(x, y, \lambda) = (x-3)^2 + (y-2)^2 + \lambda(x^2 + y^2 - 208) \; ; x, y > 0; \lambda \in \mathbb{R}$$

mit der stationären Stelle $(x_0; y_0; \lambda_0) = (12; 8; -0{,}75)$ überprüfen wir die hinreichende Bedingung. Dazu werden folgende zweiten partiellen Ableitungen benötigt:

$$L_{xx}(x, y, \lambda) = 2 + 2\lambda$$

$$L_{yy}(x, y, \lambda) = 2 + 2\lambda$$

$$L_{xy}(x, y, \lambda) = 0$$

Jetzt überprüfen wir folgende Differenz:

$$L_{xx}(x; y; -0{,}75) \cdot L_{yy}(x; y; -0{,}75) - \left(L_{xy}(x; y; -0{,}75)\right)^2$$

$$= (2 + 2 \cdot (-0{,}75)) \cdot (2 + 2 \cdot (-0{,}75)) - 0 = 0{,}25 >_{\text{immer}} 0$$

Als Letztes müssen wir uns noch folgende partielle Ableitung überprüfen:

$$L_{xx}(x; y; -0{,}75) = 2 + 2 \cdot (-0{,}75) = 0{,}5 >_{\text{immer}} 0$$

d.h. $f(x, y)$ hat in $(12; 8)$ ein globales Minimum unter Berücksichtigung der Nebenbedingung.

Anmerkung: Ist die Differenz $D(x_0; y_0; \lambda_0)$ nicht positiv, so ist mit dem Satz 9.25 keine Aussage über Extremstellen möglich. Es kann sein, dass trotzdem eine lokale Extremstelle in $(x_0; y_0)$ vorliegt, wie das folgende Beispiel zeigt:

Beispiel 9.28
Für die Funktion $f(x, y) = x^2 + 4xy \; ; x, y > 0$ ist ein globales Minimum gesucht unter der Nebenbedingung: $x^2 y = 0{,}5$

1. Lösungsweg: Einsetz-Methode

Aus der NB folgern wir: $y = \dfrac{1}{2x^2}$

Setze: $f(x) = x^2 + 4x \cdot \dfrac{1}{2x^2} = x^2 + \dfrac{2}{x}$

Notwendige Bedingung:

$$0 = f'(x) = 2x - \frac{2}{x^2} \Leftrightarrow 0 = 2x^3 - 2 \Leftrightarrow x^3 = 1 \Leftrightarrow x = 1$$

$$y = \frac{1}{2 \cdot 1} = 0{,}5$$

Hinreichende Bedingung:

$$f''(x) = 2 + \frac{4}{x^3} >_{\text{immer}} 0 \quad ; \text{da } x > 0$$

d.h. $f(x, y)$ hat in $(1; 0{,}5)$ ein globales Minimum unter Berücksichtigung der Nebenbedingung.

2. Lösungsweg: Lagrange-Methode

$$L(x; y; \lambda) = x^2 + 4xy + \lambda(x^2 y - 0{,}5) \quad ; x, y > 0; \lambda \in \mathbb{R}$$

Notwendige Bedingung:

I $\qquad 0 = L_x(x, y, \lambda) = 2x + 4y + 2\lambda xy$

II $\qquad 0 = L_y(x, y, \lambda) = 4x + \lambda x^2$

III $\qquad 0 = L_\lambda(x, y, \lambda) = x^2 y - 0{,}5 \Rightarrow y = \dfrac{0{,}5}{x^2}$

$x \cdot$ I $\qquad 0 = 2x^2 + 4xy + 2\lambda x^2 y$

$2y \cdot$ II $\qquad 0 = 8xy + 2\lambda x^2 y$

$x \cdot$ I $- 2y \cdot$ II $\quad 0 = 2x^2 - 4xy = 2x^2 - 4x \cdot \dfrac{0{,}5}{x^2} = 2x^2 - \dfrac{2}{x}$

$\Leftrightarrow 2x^3 - 2 = 0 \Rightarrow 0 = x^3 - 1 = 0 \Leftrightarrow x = 1 \Rightarrow y = \dfrac{0{,}5}{1} = 0{,}5$

II $\qquad 0 = 4 + \lambda \Rightarrow \lambda = -4$

Hinreichende Bedingung:

$L_{xx}(x, y, \lambda) = 2 + 2\lambda y$

$L_{yy}(x, y, \lambda) = 0$

$L_{xy}(x, y, \lambda) = 4 + 2\lambda x$

Jetzt überprüfen wir folgende Differenz:

$L_{xx}(x; y; -4) \cdot L_{yy}(x; y; -4) - (L_{xy}(x; y; -4))^2$

$= (2 - 8y) \cdot 0 - (4 - 8x)^2 = -(4 - 8x)^2 \leq_{\text{immer}} 0$

d.h. mit der Langrange-Methode ist keine Aussage über Extremstellen möglich.

In den Klausuren bereitet das Erkennen von Nebenbedingungen häufig Schwierigkeiten.

Sollen z.B. von Gut II doppelt so viele ME hergestellt werden wie von Gut I, so lautet die Nebenbedingung: $y = 2x$ bzw. $x = 0{,}5y$, wobei x die ME von Gut I und y die ME von Gut II bezeichnen. Durch ein Zahlenbeispiel wird das Erkennen einfacher: Werden von Gut I genau 10 ME hergestellt, so sollen von Gut II genau 20 ME hergestellt werden.

Wir rechnen weitere Beispiele zur Lagrange-Methode.

Beispiel 9.29
Für die Funktion $f(x, y) = 7x + 5y - 28$; $x, y, > 0$ ist das globale Maximum gesucht unter Berücksichtigung der Nebenbedingung $5x^2 + y^2 = 870$. Die Funktion $f(x, y)$ sieht für $x \in (0; 13]$ und $y \in (0; 29]$ wie folgt aus:

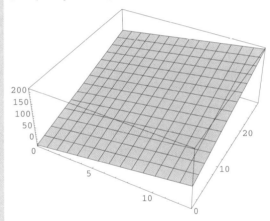

Die Nebenbedingung $5x^2 + y^2 = 870$ beschreibt in der x, y-Ebene eine Ellipse:

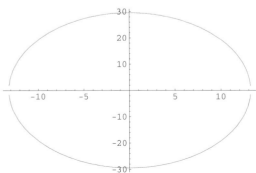

Lösung:

$L(x, y, \lambda) = 7x + 5y - 28 + \lambda(5x^2 + y^2 - 870)$; $x, y > 0; \lambda \in \mathbb{R}$

$L_x(x, y, \lambda) = 7 + 10\lambda x$ $L_{xx}(x, y, \lambda) = 10\lambda$

$L_y(x, y, \lambda) = 5 + 2\lambda y$ $L_{yy}(x, y, \lambda) = 2\lambda$

$L_\lambda(x, y, \lambda) = 5x^2 + y^2 - 870$ $L_{xy}(x, y, \lambda) = 0$

Notwendige Bedingung:

I	$0 = 7 + 10\lambda x$
II	$0 = 5 + 2\lambda y$
III	$0 = 5x^2 + y^2 - 870$
$y \cdot$ I	$0 = 7y + 10\lambda xy$
$5x \cdot$ II	$0 = 25x + 10\lambda xy$

$5x \cdot \text{II} - y \cdot \text{I}$ $0 = 25x - 7y \Leftrightarrow x = \dfrac{7}{25}y$

III $0 = 5 \cdot \left(\dfrac{7}{25}y\right)^2 + y^2 - 870$

                $0 = \dfrac{245}{625}y^2 + y^2 - 870$

                $0 = \dfrac{870}{625}y^2 - 870$

                $0 = y^2 - 625 \Leftrightarrow \underbrace{y = -25}_{\notin \text{ Def.bereich}}$ oder $y = 25 \Rightarrow x = 7$

I $0 = 7 + 70\lambda \Rightarrow \lambda = -0,1$

Hinreichende Bedingung:

$D(x; y; -0,1) = 10 \cdot (-0,1) \cdot 2 \cdot (-0,1) - 0^2 = 0,2 >_{\text{immer}} 0$

$L_{xx}(x; y; -0,1) = 10 \cdot (-0,1) = -1 <_{\text{immer}} 0$

D.h. die Funktion f hat in $(7; 25)$ ein globales Maximum unter Berücksichtigung der Nebenbedingung.

Beispiel 9.30

Gegeben ist die Kostenfunktion:

$$K(x, y) = \frac{47}{400}x^3 - 3x^2 + 3y^2 - 36y + 200 \; ; x, y \in [10; 90]$$

wobei x die produzierten ME von Gut I und y die produzierten ME von Gut II bezeichnen. Gesucht ist das globale Minimum der Kostenfunktion, wenn aus technischen Gründen von beiden Gütern zusammen insgesamt nur 100 ME hergestellt werden können. D.h. $K(x,y) \overset{!}{=}$ min unter NB $x + y = 100$. Die Nebenbedingung beschreibt in der x, y-Ebene eine Gerade:

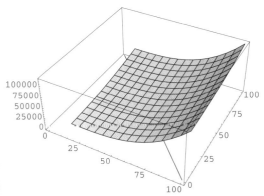

Lösung:

$$L(x, y, \lambda) = \frac{47}{400}x^3 - 3x^2 + 3y^2 - 36y + 200 + \lambda(x+y-100) \ ; x, y \in$$
$[10; 90]; \lambda \in \mathbb{R}$

$L_x(x, y, \lambda) = \frac{141}{400}x^2 - 6x + \lambda$ $L_{xx}(x, y, \lambda) = \frac{141}{200}x$

$L_y(x, y, \lambda) = 6y - 36 + \lambda$ $L_{yy}(x, y, \lambda) = 6$

$L_\lambda(x, y, \lambda) = x + y - 100$ $L_{xy}(x, y, \lambda) = 0$

Notwendige Bedingung:

I $0 = \dfrac{141}{400}x^2 - 6x + \lambda$

II $0 = 6y - 36 + \lambda$

III $0 = x + y - 100$

III $y = 100 - x$

I – II $0 = \dfrac{141}{400}x^2 - 6x - 6y + 36$

$\Rightarrow$ $0 = \dfrac{141}{400}x^2 - 6x - 6(100 - x) + 36 = \dfrac{141}{400}x^2 - 564$

$\Rightarrow$ $0 = x^2 - 1\,600 \Rightarrow \underbrace{x = -40}_{\notin \text{ Def.bereich}}$ oder $x = 40 \Rightarrow y = 60$

Der Wert von λ_0 wird nicht benötigt.

Hinreichende Bedingung:

$$D(x; y; \lambda_0) = \left(\frac{141}{200}x - 6\right) \cdot 6 - 0^2 >_{\text{immer}} 0; \text{ da } x \geq 10$$

$$L_{xx}(x; y; \lambda_0) = \frac{141}{200}x - 6 >_{\text{immer}} 0; \text{ da } x \geq 10$$

D.h. die Kostenfunktion $K(x, y)$ hat in $(40; 60)$ ein globales Minimum unter Berücksichtigung der Nebenbedingung.

Wie lässt sich der Lagrange-Multiplikator λ ökonomisch interpretieren? Für die Antwort betrachten wir das Maximierungsproblem in Beispiel 9.31, in dem der Nutzen $u(x_1, x_2)$ zweier Güter maximal sein soll unter der Nebenbedingung, dass genau c GE als Budget zum Kauf dieser beiden Güter zur Verfügung stehen: $u(x_1, x_2) \overset{!}{=}$ maximal unter NB $x_1 p_1 + x_2 p_2 = c$, wobei x_1 und x_2 die gekauften ME der beiden Güter bezeichnen, p_1 und p_2 die Verkaufspreise der beiden Güter pro ME. Wird jetzt das Budget von c GE um eine Geldeinheit erhöht auf $c + 1$ GE, so steigt der maximale Nutzen um etwa $|\lambda|$ GE:

Beispiel 9.31
Der Nutzen $u(x_1, x_2) = \sqrt{x_1} + 2 \cdot \sqrt{x_2}$; $x_1, x_2 > 0$ zweier Güter soll maximal sein unter der Nebenbedingung, dass genau acht GE als Budget zum Kauf dieser beiden Güter zur Verfügung stehen, wobei x_1 und x_2 die konsumierten ME der beiden Güter bezeichnen, $p_1 = 0,5$ und $p_2 = 0,\overline{6}$ die Verkaufspreise (in GE) der beiden Güter pro ME. D.h. $u(x_1, x_2) \overset{!}{=}$ maximal unter NB $8 = 0,5x_1 + 0,\overline{6}x_2$. Die Lagrange-Funktion lautet:
$L(x_1, x_2, \lambda) = \sqrt{x_1} + 2 \cdot \sqrt{x_2} + \lambda \cdot (0,5x_1 + 0,\overline{6}x_2 - 8)$ $x_1, x_2 > 0; \lambda \in \mathbb{R}$

Die benötigten Ableitungen sind:

$$L_{x_1}(x_1, x_2, \lambda) = \frac{0,5}{\sqrt{x_1}} + 0,5\lambda \qquad L_{x_1 x_1}(x_1, x_2, \lambda) = -\frac{0,25}{\sqrt{x_1^3}}$$

$$L_{x_2}(x_1, x_2, \lambda) = \frac{1}{\sqrt{x_2}} + 0,\overline{6}\lambda \qquad L_{x_2 x_2}(x_1, x_2, \lambda) = -\frac{0,5}{\sqrt{x_2^3}}$$

$$L_{\lambda}(x_1, x_2, \lambda) = 0,5x_1 + 0,\overline{6}x_2 - 8 \quad L_{x_1 x_2}(x_1, x_2, \lambda) = 0$$

Notwendige Bedingung:

$$\text{I} \quad 0 = L_{x_1}(x_1, x_2, \lambda) = \frac{0,5}{\sqrt{x_1}} + 0,5\lambda$$

$$\text{II} \quad 0 = L_{x_2}(x_1, x_2, \lambda) = \frac{1}{\sqrt{x_2}} + 0,\overline{6}\lambda$$

$$\text{III} \quad 0 = L_{\lambda}(x_1, x_2, \lambda) = 0,5x_1 + 0,\overline{6}x_2 - 8$$

$$4 \cdot \mathrm{I} \quad 0 = \frac{2}{\sqrt{x_1}} + 2\lambda$$

$$3 \cdot \mathrm{II} \; 0 = \frac{3}{\sqrt{x_2}} + 2\lambda$$

$$4 \cdot \mathrm{I} - 3 \cdot \mathrm{II} \; 0 = \frac{2}{\sqrt{x_1}} - \frac{3}{\sqrt{x_2}}$$

$$\Leftrightarrow \frac{2}{\sqrt{x_1}} = \frac{3}{\sqrt{x_2}} \Leftrightarrow \frac{4}{x_1} = \frac{9}{x_2} \Leftrightarrow x_2 = \frac{9}{4}x_1 = 2{,}25x_1$$

$$\mathrm{III} \; 0 = 0{,}5x_1 + 0{,}\overline{6} \cdot 2{,}25x_1 - 8 = 0{,}5x_1 + 1{,}5x_1 - 8$$

$$\Leftrightarrow x_1 = 4 \Rightarrow x_2 = 9$$

$$\mathrm{I} \quad 0 = \frac{0{,}5}{\sqrt{4}} + 0{,}5\lambda \Leftrightarrow \lambda = -\frac{0{,}25}{0{,}5} = -0{,}5$$

Hinreichende Bedingung:

$$L_{x_1 x_1}(x_1; x_2; -0{,}5) \cdot L_{x_2 x_2}(x_1; x_2; -0{,}5) - \left(L_{x_1 x_2}(x_1; x_2; -0{,}5)\right)^2$$

$$= \left(-\frac{0{,}25}{\sqrt{x_1^3}}\right) \cdot \left(-\frac{0{,}5}{\sqrt{x_2^3}}\right) - 0^2 >_{\text{immer}} 0$$

Als Letztes müssen wir noch folgende partielle Ableitung überprüfen:

$$L_{x_1 x_1}(x_1; x_2; -0{,}5) = -\frac{0{,}25}{\sqrt{x_1^3}} <_{\text{immer}} 0; \text{ da } x_1 > 0$$

d.h. $u(x_1, x_2)$ hat in $(4; 9)$ ein globales Maximum unter Berücksichtigung der Nebenbedingung. Und der maximale Nutzen beträgt $u(4; 9) = 8$ GE.

Für die Lagrangefunktion $L(x_1, x_2, \lambda) = u(x_1, x_2) + \lambda(0{,}5x_1 + 0{,}\overline{6}x_2 - 8)$ erhalten wir $\lambda = -0{,}5$. Und für die Lagrangefunktion $L(x_1, x_2, \lambda) = u(x_1, x_2) + \lambda(8 - 0{,}5x_1 - 0{,}\overline{6}x_2)$ erhalten wir
$\lambda = +0{,}5$. Die Interpretation von $|\lambda| = 0{,}5$ lautet wie folgt:
Wird das Budget von 8 GE um eine Geldeinheit erhöht auf 9
GE, so steigt der maximale Nutzen um etwa $|\lambda|$ GE; d.h. würde
uns als Budget eine Geldeinheit mehr zur Verfügung stehen, so
würde sich der Nutzen von ursprünglich 8 GE um etwa 0,5 GE
erhöhen auf 8,5 GE. Das wollen wir rechnerisch nachprüfen:

$$u(x_1, x_2) \overset{!}{=} \text{maximal unter NB } 0{,}5x_1 + 0{,}\overline{6}x_2 = 9$$

Bei der Überprüfung der notwendigen Bedingung erhalten wir

die folgende dritte Gleichung:

III $0 = 2 - 9\lambda^2 \Rightarrow \lambda = \pm\dfrac{\sqrt{2}}{3}$

Für $\lambda = -\dfrac{\sqrt{2}}{3}$ ergeben sich daraus:

$$\sqrt{x_1} = -\frac{1}{-\sqrt{2}/3} = \frac{3}{\sqrt{2}} \Leftrightarrow x_1 = 4{,}5$$

$$\sqrt{x_2} = -\frac{3}{2 \cdot (-\sqrt{2}/3)} = \frac{9}{2 \cdot \sqrt{2}} \Leftrightarrow x_2 = 10{,}125$$

Bei der Überprüfung der hinreichenden Bedingung ergibt sich, dass $u(x_1, x_2)$ in $(4{,}5\,;10{,}125)$ ein glob. Max hat unter Berücksichtigung der NB. Und der maximale Nutzen beträgt $u(4{,}5\,; 10{,}125) = 8{,}485281 \approx 8 + 0{,}5$

d.h. durch Erhöhung des Budgets um eine Einheit ist der maximale Nutzen tatsächlich um etwa 0,5 Einheiten gestiegen.

Als Fazit aus Beispiel 9.31 ergibt sich für die Interpretation des Lagrange-Multiplikators λ: Wird die Nutzenfunktion nicht in Abhängigkeit der konsumierten Mengen x_1 und x_2 betrachtet, sondern in Abhängigkeit des verfügbaren Budgets c, so ist der Absolutbetrag des Lagrange-Multiplikators λ der **Grenznutzen**.

Der Grenznutzen gibt an, um wie viele Einheiten der Nutzen steigt, sobald eine Budget-Einheit mehr zu Verfügung steht. (vgl. Woll [7])

9.4   Zusammenfassung

Zusammengefasst überprüfen wir bei der Kurvendiskussion der Funktion $f(x; y)$ die Eigenschaften wie folgt:

- $(x_0; y_0)$ lokale Minimalstelle
  $f_x(x_0; y_0) = 0$
  $f_y(x_0; y_0) = 0$
  $f_{xx}(x_0; y_0) \cdot f_{yy}(x_0; y_0) - (f_{xy}(x_0; y_0))^2 > 0$
  $f_{xx}(x_0; y_0) > 0$

- $(x_0; y_0)$ lokale Maximalstelle
  $f_x(x_0; y_0) = 0$
  $f_y(x_0; y_0) = 0$

$$f_{xx}(x_0; y_0) \cdot f_{yy}(x_0; y_0) - (f_{xy}(x_0; y_0))^2 > 0$$
$$f_{xx}(x_0; y_0) < 0$$

■ $(x_0; y_0)$ globale Minimalstelle in D_f
$f_x(x_0; y_0) = 0$
$f_y(x_0; y_0) = 0$
$f_{xx}(x; y) \cdot f_{yy}(x; y) - (f_{xy}(x; y))^2 > 0$ für alle $x, y \in \mathsf{D}_f$
$f_{xx}(x; y) > 0$ für alle $x, y \in \mathsf{D}_f$

■ $(x_0; y_0)$ globale Maximalstelle in D_f
$f_x(x_0; y_0) = 0$
$f_y(x_0; y_0) = 0$
$f_{xx}(x; y) \cdot f_{yy}(x; y) - (f_{xy}(x; y))^2 > 0$ für alle $x, y \in \mathsf{D}_f$
$f_{xx}(x; y) < 0$ für alle $x, y \in \mathsf{D}_f$

■ $(x_0; y_0)$ Sattelstelle
$f_x(x_0; y_0) = 0$
$f_y(x_0; y_0) = 0$
$f_{xx}(x_0; y_0) \cdot f_{yy}(x_0; y_0) - (f_{xy}(x_0; y_0))^2 < 0$

Zur Optimierung unter einer Nebenbedingung kennen wir zwei Methoden. Die Einsetz-Methode scheint auf den ersten Blick vom Rechenaufwand weniger aufwändig zu sein als die Lagrange-Methode. Lässt sich eine Nebenbedingung „einfach" nach x oder y auflösen, so ist die Einsetz-Methode der Lagrange-Methode vorzuziehen. Die Bedingungen, die bei einer Einsetz-Methode zu überprüfen sind, stehen in der Zusammenfassung 7.8.

Ist jedoch die Nebenbedingung zum Beispiel quadratisch; d.h. $x^2 + y^2 = c$, so ist es häufig einfacher, die Optimierung mit Hilfe der Lagrange-Methode zu bestimmen. Zusammengefasst überprüfen wir bei der Lagrange-Methode Folgendes:

■ $(x_0; y_0)$ lokale Minimalstelle unter NB
$L_x(x_0; y_0; \lambda_0) = 0$
$L_y(x_0; y_0; \lambda_0) = 0$
$L_\lambda(x_0; y_0; \lambda_0) = 0$
$L_{xx}(x_0; y_0; \lambda_0) \cdot L_{yy}(x_0; y_0; \lambda_0) - (L_{xy}(x_0; y_0; \lambda_0))^2 > 0$
$L_{xx}(x_0; y_0; \lambda_0) > 0$

■ $(x_0; y_0)$ lokale Maximalstelle unter NB
$L_x(x_0; y_0; \lambda_0) = 0$
$L_y(x_0; y_0; \lambda_0) = 0$
$L_\lambda(x_0; y_0; \lambda_0) = 0$
$L_{xx}(x_0; y_0; \lambda_0) \cdot L_{yy}(x_0; y_0; \lambda_0) - (L_{xy}(x_0; y_0; \lambda_0))^2 > 0$
$L_{xx}(x_0; y_0; \lambda_0) < 0$

- $(x_0; y_0)$ globale Mininmalstelle unter NB

  $L_x(x_0; y_0; \lambda_0) = 0$

  $L_y(x_0; y_0; \lambda_0) = 0$

  $L_\lambda(x_0; y_0; \lambda_0) = 0$

  $L_{xx}(x; y; \lambda_0) \cdot L_{yy}(x; y; \lambda_0) - (L_{xy}(x; y; \lambda_0))^2 > 0$ für alle $x, y \in \mathsf{D}_f$

  $L_{xx}(x; y; \lambda_0) > 0$ für alle $x, y \in \mathsf{D}_f$

- $(x_0; y_0)$ globale Maximalstelle unter NB

  $L_x(x_0; y_0; \lambda_0) = 0$

  $L_y(x_0; y_0; \lambda_0) = 0$

  $L_\lambda(x_0; y_0; \lambda_0) = 0$

  $L_{xx}(x; y; \lambda_0) \cdot L_{yy}(x; y; \lambda_0) - (L_{xy}(x; y; \lambda_0))^2 > 0$ für alle $x, y \in \mathsf{D}_f$

  $L_{xx}(x; y; \lambda_0) < 0$ für alle $x, y \in \mathsf{D}_f$

Prüfungstipp

Klausurthemen aus diesem Kapitel sind

- Kurvendiskussion (Sattel- und Extremstellen) von $f(x; y)$ sowie

- die Optimierung unter Nebenbedingungen (Einsetz-Methode oder Lagrange-Methode).

10 Übungen

10.1 Aufgaben

Aufgabe zu Kapitel 1 (Allgemeinwissen)

Aufgabe 1.1
Der Stimmenanteil einer Partei betrug im letzten Jahr 20%. Wie hoch ist der Stimmenanteil heute, wenn er

■ um fünf Prozentpunkte gestiegen ist?

■ um fünf Prozent gestiegen ist?

Aufgabe zu Kapitel 2 (Mengen und Abbildungen)

Aufgabe 2.1
Sei $A = \{a_1, a_2, a_3, a_4, a_5, a_6\}$ eine Menge von sechs verschiedenen Arbeiten, die von einer Menge $B = \{b_1, b_2, b_3, b_4\}$ von vier Bediensteten zu erledigen sind. Mit der Wertetabelle:

a_i	a_1	a_2	a_3	a_4	a_5	a_6
$f_1(a_i)$		b_1	b_2		b_3	b_4
$f_2(a_i)$	b_1	b_2	b_3	b_1, b_2	b_3	b_4
$f_3(a_i)$	b_1	b_1	b_1	b_1	b_1	b_1
$f_4(a_i)$	b_1	b_3	b_2	b_2	b_3	b_4

werden Zuordnungsvorschriften f_1, f_2, f_3, f_4 beschrieben. Welche der vier Zuordnungsvorschriften sind Abbildungen von A nach B?

Aufgabe 2.2
Es seien p = Verkaufspreis (in GE) und x = abgesetzte Menge (in ME) eines Produkts. Bestimmen Sie den ökonomisch sinnvollen Definitionsbereich, den Wertebereich und die Umkehrabbildung

der Preis-Absatz-Funktion $x(p) = 140 - \dfrac{p}{2}$.

Aufgabe 2.3

Ein monopolistisches Ein-Produkt-Unternehmen produziert seine Ausbringungsmenge x (in ME) mit Hilfe eines einzigen Produktionsfaktors r (in ME) gemäß folgender Produktionsfunktion:

$$x(r) = 2 \cdot \sqrt{r - 1} \ ; r \geq 1$$

Für jede eingesetzte Mengeneinheit des Produktionsfaktors fallen 16 Geldeinheiten an Kosten an. Weitere Kosten entstehen dem Unternehmen für die Produktion des Produktes nicht. Zeigen Sie, dass sich für die Kostenfunktion $K(x) = 4x^2 + 16$ ergibt.

Aufgaben zu Kapitel 3 (Matrizen)

Aufgabe 3.1
Gegeben sind die Matrizen

$$A = \begin{bmatrix} 2 & 0 & -3 \\ -1 & 7 & 2 \end{bmatrix}, B = \begin{bmatrix} 1 & 6 & 5 \\ -3 & 0 & 7 \end{bmatrix}, C = \begin{bmatrix} -5 & 7 \\ 1 & 2 \end{bmatrix}, D = \begin{bmatrix} -3 & 9 & 1 \\ 0 & 0 & 5 \\ 7 & 6 & 2 \end{bmatrix}$$

■ Berechnen Sie: CA und AD und $CA+CB$ und $C(A+3B)-CB$ und $(2A-3B)D - AD$ und DA^t

■ Welche der Berechnungen lassen sich mit Hilfe der Rechenregeln für Matrizen vereinfachen? Und wie sieht die mögliche Vereinfachung aus?

Aufgabe 3.2

Seien $a^t = (1, -2, 3)$ und $A = \begin{bmatrix} 1 & -1 & 1 \\ -1 & 0 & -1 \\ 1 & -1 & 1 \end{bmatrix}$ gegeben. Berechnen Sie $a^t A$, $a^t Aa$, $a^t a$, aa^t und $a^t A A^t a$.

Aufgabe 3.3
Ein Unternehmen stellt aus den Rohstoffen R_1, R_2, R_3 und den Zwischenprodukten Z_1, Z_2 in einem zweistufigen Produktionsprozess die Endprodukte E_1, E_2 her. Der Produktionszusammenhang wird durch folgende Materialfluss-Grafik wiedergegeben:

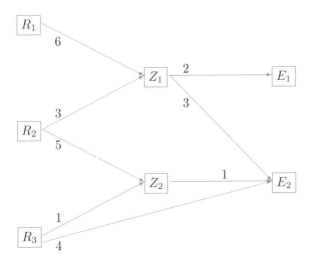

[1] Stellen Sie den Sachverhalt durch Produktionsmatrizen dar.

[2] Geben Sie den Gesamtbedarf von R_1, R_2, R_3 für jeweils ein Stück E_1 bzw. E_2 in Form einer Matrix an.

[3] Welcher Rohstoffbedarf ist für die Produktion von drei Stück E_1 und fünf Stück E_2 erforderlich?

[4] Angenommen der Materialfluss ändert sich wie folgt: Für ein Stück Z_1 sind zusätzlich zwei Stück Z_2 erforderlich. Wie lauten dann die Ergebnisse unter den Teilaufgaben [2] und [3]?

Aufgaben zu Kapitel 4 (Lineare Gleichungen)

Aufgabe 4.1
Für ein Gut ist die folgende (lineare) Preis-Absatz Funktion bekannt:

$x(p) = a - b \cdot p$

wobei x die abgesetzten Mengeneinheiten und p den Verkaufspreis (in GE) pro ME bezeichnen.

[1] Für die Absatzmengen und die Preise sind folgende Kombinationen bekannt:

p	x
5	4 500
10	3 000
15	1 500

Bestimmen Sie aus diesen Angaben die Koeffizienten a und b.

[2] Die Sättigungsgrenze liegt bei 4 000 ME; d.h. mehr als 4 000 ME können nicht abgesetzt werden. Ferner werden 3 000 ME des Guts abgesetzt, falls der Verkaufspreis 200 GE beträgt. Bestimmen Sie aus diesen Angaben die Koeffizienten a und b.

Aufgabe 4.2
Bestimmen Sie mit Hilfe des Gaußalgorithmus die Lösungsmengen der folgenden fünf linearen Gleichungssysteme:

[1]
$$\begin{aligned}
x_1 + 6x_2 &= 41 \\
3x_1 - 3x_3 + 4x_4 &= 35 \\
2x_1 + x_2 + x_4 &= 18 \\
6x_1 + 3x_4 &= 36
\end{aligned}$$

[2]
$$\begin{aligned}
3x + 5y - 22z &= 0 \\
x + y + 2z &= 0 \\
x + 3y - 42z &= 0
\end{aligned}$$

[3]
$$\begin{aligned}
2x_1 - x_2 + 4x_3 &= 8 \\
3x_2 - 2x_3 &= 6 \\
x_1 + 4x_2 - x_3 &= 10
\end{aligned}$$

[4]
$$\begin{aligned}
4x_1 + 8x_3 + 16x_4 &= 4 \\
x_1 + 2x_2 + 10x_3 + 8x_4 &= 2 \\
x_1 + 6x_3 + 5x_4 &= 2 \\
2x_2 + 10x_3 + 7x_4 &= 2 \\
2x_2 + 10x_3 + 12x_4 &= 2
\end{aligned}$$

[5]
$$\begin{aligned}
x_1 + 2x_2 + 3x_3 + 5x_4 &= 0 \\
x_1 + x_2 + x_3 + x_4 &= 0 \\
x_2 + x_3 + x_4 &= 0
\end{aligned}$$

Aufgabe 4.3
Ein Unternehmen stellt in einem zweistufigen Produktionsplan aus zwei Rohstoffen R_1, R_2 und drei Zwischenprodukten Z_1, Z_2, Z_3 die Endprodukte E_1, E_2 her. Der Produktionszusammenhang wird durch folgende Materialflussgrafik wiedergegeben:

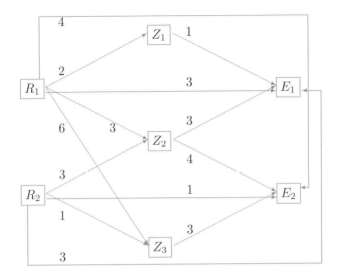

[1] Es stehen 8 200 ME von Rohstoff R_1 und 4 400 ME von Rohstoff R_2 zur Verfügung. Wie viele ME von E_1 bzw. E_2 können daraus produziert werden?

[2] An Rohmaterial kosten 1 ME von E_1 genau 400 GE und 1 ME von E_2 genau 840 GE. Berechnen Sie daraus die Rohstoffkosten pro ME der Rohmaterialien R_1 und R_2.

Aufgabe 4.4
Ein Unternehmen stellt in der ersten Produktionsstufe aus zwei Rohmaterialen R_1 und R_2 drei Zwischenprodukte Z_1, Z_2, Z_3 her. In der zweiten Produktionsphase werden aus den drei Zwischenprodukten drei Endprodukte P_1, P_2, P_3 gefertigt. Der Verbrauch an Rohmaterial pro Mengeneinheit der Zwischenprodukte ist durch die Produktionsmatrix A gegeben, der Verbrauch an Zwischenprodukten pro Mengeneinheit der Endprodukte durch die Produktionsmatrix B:

$$A = \begin{bmatrix} 2 & 3 & 2 \\ 1 & 3 & 1 \end{bmatrix} \qquad B = \begin{bmatrix} 2 & 2 & 1 \\ 0 & 2 & 1 \\ 1 & 1 & 0 \end{bmatrix}$$

[1] Von den Endprodukten sollen 100 ME von P_1, 200 ME von P_2 und 300 ME von P_3 produziert werden. Wie viele ME der Rohmaterialien werden dazu benötigt? Wie viele ME der Zwischenprodukte entstehen dabei?

[2] Eine ME von Rohmaterial R_1 kostet 10 GE und eine ME von R_2 kostet 15 GE.

- Bestimmen Sie die Rohmaterialkosten für jeweils eine ME der Endprodukte.

- Die Zwischenprodukte Z_1, Z_3 werden dem Unternehmen für einen Preis von 30 GE pro ME angeboten. Das Zwischenprodukt Z_2 kann für 70 GE pro ME eingekauft werden. Soll das Unternehmen die Zwischenprodukte einkaufen oder selbst produzieren?

[3] Von den Rohmaterialien R_1, R_2 stehen jeweils 10 000 ME zur Verfügung. Zeigen Sie, dass es kein ökonomisch sinnvolles Produktionsprogramm gibt, wenn das Rohmaterial vollständig verbraucht werden soll.

Aufgabe 4.5

In einem Unternehmen bestehen drei Kostenstellen K_1, K_2, K_3. Sie erbringen Leistungen für die jeweils anderen beiden Kostenstellen sowie für den Absatzmarkt. Die Leistungen (in LE) für den Absatzmarkt umfassen:

K_1	K_2	K_3
60	70	50

Die gegenseitigen Leistungsabgaben (in LE) zwischen den Kostenstellen sind in folgender Tabelle festgehalten:

Abgabe durch	Annahme durch Kostenstelle		
Kostenstelle	K_1	K_2	K_3
K_1	$-$	10	20
K_2	20	$-$	40
K_3	10	20	$-$

Die Stellen-Primärkosten betragen (in GE):

K_1	K_2	K_3
290	160	80

Stellen Sie das zur Bestimmung der innerbetrieblichen Verrechnungspreise erforderliche Gleichungssystem auf und bestimmen Sie die innerbetrieblichen Verrechnungspreise.

Aufgaben zu Kapitel 5 (Folgen und Reihen)

Aufgabe 5.1

Geben Sie das Bildungsgesetz folgender Folgen an:

▧ $1, -1, 1, -1, 1, -1, \ldots$

▧ $\dfrac{1}{3}, \dfrac{1}{9}, \dfrac{1}{27}, \dfrac{1}{81}, \ldots$

▧ $\dfrac{1}{10}, \dfrac{2}{10}, \dfrac{3}{10}, \dfrac{4}{10}, \ldots$

Aufgabe 5.2

Berechnen Sie die ersten sechs Folgenglieder der Folgen:

$$a_n = \frac{n}{2^n}, \quad b_n = \left(1 + \frac{2}{n}\right)^n, \quad c_n = (-1)^n \cdot \frac{1}{n}, \quad d_n = \frac{1}{\ln(1 + \frac{1}{n})} - n$$

Aufgabe 5.3

Welche der Folgen unter Aufgabe 5.1 und Aufgabe 5.2 sind

▧ arithmetische Folgen?

▧ geometrische Folgen?

▧ alternierende Folgen?

▧ monoton wachsende oder monoton fallende Folgen?

▧ beschränkte Folgen?

▧ Nullfolgen?

▧ divergent?

Aufgabe 5.4

Berechnen Sie: $\displaystyle\sum_{i=1}^{12} i$.

Aufgabe 5.5

Berechnen Sie: $\displaystyle\sum_{i=0}^{6} \frac{1}{i!}$.

Aufgaben zu Kapitel 6 (Funktion einer reellen Variablen)

Aufgabe 6.1
Bei der Produktion eines Gutes fallen folgende Kosten $K(x)$ in Abhängigkeit der produzierten Menge x (Ausbringungsmenge) an:
$K(x) = 2x^2 + 80x + 800$.
Der Umsatz/Erlös $U(x)$ ist gegeben durch:
$U(x) = 280x - 2x^2$.
Maximal können 140 ME des Gutes produziert und abgesetzt werden.

[1] Bestimmen Sie die Gewinnfunktion $G(x)$ und ihren Definitionsbereich.

[2] Bestimmen Sie die Funktion $K_v(x)$ der variablen Gesamtkosten und ihren Definitionsbereich.

[3] Bestimmen Sie die Funktion $K_f(x)$ der fixen Gesamtkosten und ihren Definitionsbereich.

[4] Bestimmen Sie die Funktion $k(x)$ der Stückkosten/Durchschnittskosten und ihren Definitionsbereich.

[5] Bestimmen Sie die Funktion $k_v(x)$ der variablen Stückkosten und ihren Definitionsbereich.

[6] Bestimmen Sie die Preis-Absatzfunktion $p(x)$ in Abhängigkeit von x und ihren Definitionsbereich.

[7] Bestimmen Sie die Preis-Absatzfunktion $x(p)$ in Abhängigkeit vom Verkaufspreis p und ihren Definitionsbereich.

[8] Stellen Sie die Kostenfunktion und die Umsatzfunktion grafisch dar und lesen Sie aus dem Grafen die Gewinnzone ab.

Aufgabe 6.2
Drücken Sie die nachfolgenden Funktionen $h(x)$ als die Verknüpfung $f \circ g$ zweier Funktionen von g und f aus.

[1] $h : \mathbb{R} \longrightarrow \mathbb{R}_0^+$
$h(x) = (3x - 4)^2$

[2] $h : \mathbb{R} \longrightarrow \mathbb{R}^+$
$h(x) = e^{3x-4}$

[3] $h : \mathbb{R} \longrightarrow \mathbb{R}$
$h(x) = 3x^2 - 4$

Aufgabe 6.3

Ergänzen Sie bitte die fehlenden Zahlen in der nachfolgenden Tabelle:

Firma	Preis	Output	Umsatz	Gesamt-kosten	Fix-kosten	Variable Kosten	Variable Stück-kosten	variable Stückkosten
1			8 000		1 500	5 000		2,5
2	4	4 000			4 000	10 000	2,4	
3			5 500	6 000				1,25
4			6 000	6 000	4 500			0,75
5	10	2 000		30 000				11

Aufgabe 6.4

Für ein Unternehmen existiere die Gewinnfunktion

$$G(x) = -4x^2 + 200x - 800$$

und die Produktionsfunktion

$$x(r) = 2 \cdot r^{\frac{1}{2}} - 20, \quad r \geq 100$$

Der Produktionsfaktor r kann zu einem Preis von 8 GE je Einheit erworben werden. Weitere Kosten entstehen bei der Produktion nicht.

Bestimmen Sie aus diesen Informationen die Preis-Absatz Funktion des Unternehmens und stellen Sie diese in Form $x(p)$ dar. *Be-arbeitungshinweis*: Bestimmen Sie nacheinander $r(x)$, $K(x)$, $U(x)$, $p(x)$ und $x(p)$.

Aufgabe 6.5

[1] Bestimmen Sie für die Funktion $f(x) = \dfrac{x-3}{2x^2 - 4x - 6}$; $x \in \mathbb{R}\backslash\{-1;3\}$ den Grenzwert an der Stelle $x = 3$.

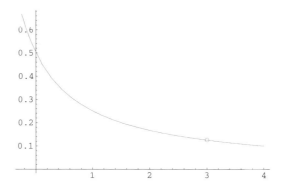

[2] Bestimmen Sie für die Funktion $f(x) = \dfrac{x^2 - 10x + 25}{7x^2 - 28x - 35}$; $x \in \mathbb{R}\backslash\{-1;5\}$ den Grenzwert an der Stelle $x = 5$.

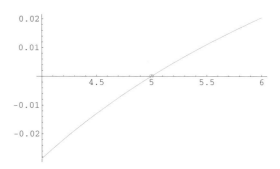

[3] Bestimmen Sie für die Funktion $f(x) = \dfrac{3x+6}{5x^2 - 5x - 30}$; $x \in \mathbb{R}\backslash\{-2;3\}$ den Grenzwert an der Stelle $x = -2$.

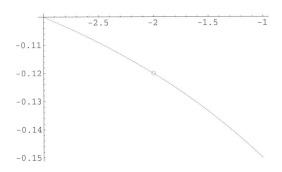

[4] Existiert $\lim\limits_{x \to 2} \dfrac{x-3}{x-2}$?

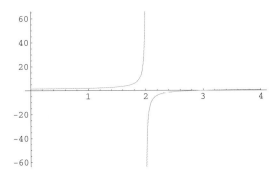

Aufgabe 6.6

Überprüfen Sie, ob die folgende Funktion stetig ist:

$$f(x) = \begin{cases} 3x - 4 & ; x \geq 3 \\ x & ; x < 3 \end{cases}$$

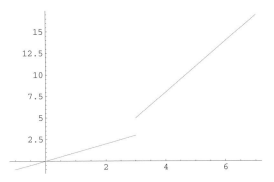

Aufgabe 6.7

Überprüfen Sie, ob die folgende Funktion stetig ist:

$$f(x) = \frac{1}{(x-2)^2} \; ; x \in \mathbb{R}\backslash\{2\}$$

Aufgaben zu Kapitel 7 (Differentialrechnung im R^1)

Aufgabe 7.1
Leiten Sie die nachfolgenden Funktionen einmal ab:

[1] $f(x) = 5x^{28}$, $x \in \mathbb{R}$

[2] $f(x) = \dfrac{1}{x^2}$, $x \in \mathbb{R}\backslash\{0\}$

[3] $f(x) = \sqrt{x-2}$, $x \in [2; \infty)$

[4] $f(x) = (2x-7)^{38}$, $x \in \mathbb{R}$

[5] $f(x) = \ln(2x+1)$, $x \in (-\dfrac{1}{2}; \infty)$

[6] $f(x) = 2\ln(x) + 1$, $x \in \mathbb{R}^+$

[7] $f(x) = x^3 e^x$, $x \in \mathbb{R}$

[8] $f(x) = \dfrac{1}{(5-3x)^2}$, $x \in \mathbb{R}\backslash\{\frac{5}{3}\}$

[9] $f(x) = e^{2x+5}$, $x \in \mathbb{R}$

[10] $f(x) = 7x\, e^{3-x^2}$, $x \in \mathbb{R}$

[11] $f(x) = \dfrac{1}{\sqrt{x^2+1}}$, $x \in \mathbb{R}$

[12] $f(x) = 2^x$, $x \in \mathbb{R}$

[13] $f(x) = 3x\,5^x$, $x \in \mathbb{R}$

Aufgabe 7.2
Bilden Sie die ersten Ableitungen folgender Funktionen:

$$f(x) = x^3 - \sqrt{x} + a^2 \quad , x \in \mathbb{R}_0^+$$

$$g(x) = \frac{2x - 3}{3x + 4} \quad , x \in \mathbb{R}\backslash\{-\frac{4}{3}\}$$

$$h(x) = 20x - 6 \cdot \sqrt{\left(\frac{x}{6} - 4\right)^3} \quad , x \subset [24; \infty)$$

Aufgabe 7.3
Gegeben sei die Produktionsfunktion $x = \sqrt[3]{4r^2}$, wobei r die Einsatzmenge eines bestimmten Produktionsfaktors und x die ausgebrachte Menge darstellt. Der Preis für eine Einheit des Faktors betrage 20 Geldeinheiten (GE), die Fixkosten der Produktion belaufen sich auf 40 GE.

[1] Bestimmen Sie die Gesamtkostenfunktion $K(x)$. Diese beschreibt die Abhängigkeit der gesamten Kosten K einer Periode von der in dieser Periode produzierten Menge der Güter.

[2] Bestimmen Sie die Grenzkostenfunktion. Diese ist die erste Ableitung der Kostenfunktion und gibt näherungsweise die Kosten einer zusätzlich produzierten Einheit in Abhängigkeit von einer gegebenen Produktionsmenge an. Interpretieren Sie die Grenzkosten an der Stelle $x = 4$.

Aufgabe 7.4
Für die Absatzmenge x (in ME) und dem Verkaufspreis p (in GE pro ME) lautet die Preis-Absatz Funktion eines bestimmten Unternehmens wie folgt:

$$p(x) = \frac{20}{x - 10} \quad ; x \in (10; +\infty)$$

[1] Bestimmen Sie die umgekehrte Preis-Absatz Funktion $x(p)$; $p > 0$.

[2] Wie verändert sich die Absatzmenge, wenn der Verkaufspreis von 1 GE pro ME um 1% erhöht wird?

[3] Wie verändert sich die Absatzmenge, wenn der Verkaufspreis von 10 GE pro ME um 1% erhöht wird?

Aufgabe 7.5

Ein Unternehmen kann ein Produkt entsprechend der Produktionsfunktion

$$x(r) = 5 \cdot \sqrt[3]{r^2} - 20, r \in \mathbb{R} \text{ und } r \geq 8$$

herstellen, wobei

$x(r) = $ hergestellte Menge

$r = $ Einsatzmenge eines Produktionsfaktors

bezeichnen.
Die erste Ableitung dieser Funktion nennt man **Grenzproduktivität**. Sie gibt an, um wie viele Einheiten sich in etwa die Produktionsmenge x verändert, wenn die Faktoreinsatzmenge r um eine Einheit auf $r + 1$ gesteigert wird.
Prüfen Sie nach, ob die Grenzproduktivität mit steigendem Faktoreinsatz zu- oder abnimmt.

Aufgabe 7.6

Vorbemerkung: *Zwischen Stetigkeit und Differenzierbarkeit besteht der folgende Zusammenhang: Wenn f differenzierbar ist, so ist f auch stetig. Oder anders ausgedrückt: Wenn eine Funktion nicht stetig ist, so kann sie auch nicht differenzierbar sein.*

Der Wochenlohn eines Facharbeiters hängt ab von der geleisteten Arbeitsstundenzahl x. Der erste Arbeiter erhält unabhängig von der Anzahl der Stunden GE 30,- pro Stunde, der zweite Arbeiter GE 29,- pro Stunde für $x \leq 36$ und GE 50,- pro Stunde für jede weitere Stunde. Der dritte Arbeiter erhält GE 25,- pro Stunde für $x \leq 36$ bzw. GE 35,- pro Stunde, falls er mehr als 36 Stunden arbeitet. Wir erhalten die reellen Funktionen $f_1, f_2, f_3 : \mathbb{R}^+ \longrightarrow \mathbb{R}^+$ mit:

$$f_1(x) = 30x \; ; x \in [0; \infty)$$

$$f_2(x) = \begin{cases} 29x & \text{für } x \leq 36 \\ 1044 + 50(x - 36) & \text{für } x > 36 \end{cases}$$

$$f_3(x) = \begin{cases} 25x & \text{für } x \leq 36 \\ 35x & \text{für } x > 36 \end{cases}$$

die jeweils den Lohn der drei Facharbeiter angeben. Stellen Sie die drei Funktionen für $x \in [30, 40]$ grafisch dar. Welche der drei Funktionen sind in $x = 36$ stetig und welche sind in $x = 36$ differenzierbar?

Aufgabe 7.7

Gegeben sind die Preis-Absatz-Funktion $p(x)$ und die Kostenfunktion $K(x)$:

$$p(x) = 300{,}8 - 0{,}02x \;;\quad x \in [0; 15\,040]$$
$$K(x) = 20\,000 + 0{,}4x \;;\quad x \in [0; 15\,040]$$

[1] Ermitteln Sie den Gewinn-maximalen Preis und die Gewinn-maximale Menge.

[2] Nehmen Sie an, mehr als 4 000 Stück können in der betrachteten Periode nicht produziert werden. Welchen Einfluss hat diese Kapazitätsrestriktion auf das Gewinnmaximum?

[3] Wie verändert sich die Gewinn-maximale Menge, wenn höchstens 8 000 ME in der betrachteten Periode hergestellt werden können?

Aufgabe 7.8

Ein Unternehmen kann ein Produkt entsprechend der Produktionsfunktion

$$x(r) = 5 \cdot \sqrt[3]{r^2} - 20, r \in \mathbb{R} \text{ und } r \geq 8$$

herstellen, wobei
$x = $ hergestellte Menge
$r = $ Einsatzmenge eines Produktionsfaktors
bezeichnen.
Der Preis p des Produkts betrage GE 24 pro Einheit, wobei jede produzierte Menge auf dem Markt abgesetzt werden kann; d.h.
Absatz = hergestellte Menge = $x(r)$.
Der Preis pro eingesetzter Einheit des Produktionsfaktors r betrage GE 8.

[1] Wie hoch sind Umsatz (Erlös), Kosten und Gewinn bei einer Produktion von 480 Einheiten?

[2] Geben Sie die Gewinnfunktion in Abhängigkeit vom Absatz an.

[3] Bei welcher produzierten und abgesetzten Menge wird der Gewinn maximal?

Aufgabe 7.9

Gegeben ist die Funktion

$$f(x) = \frac{1}{3}x^3 - x^2 + x - 1 \;; x \in \mathbb{R}$$

Bestimmen Sie alle Extremstellen, Wendestellen und Sattelstellen von f.

Aufgabe 7.10
Überlegen Sie, ohne eine Wertetabelle aufzustellen, zu welcher
Funktion f der nachfolgende Graf gehört:

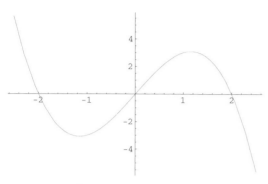

[1] $f(x) = x^3 - 4$

[2] $f(x) = x^3 - 4x$

[3] $f(x) = -x^3 + 4x$

[4] $f(x) = x^4 - 4x^2$

[5] $f(x) = -x^4 + 4x^2$

Aufgabe 7.11
Nehmen sie an, dass der Output im Betriebsoptimum liegt.

Output	Umsatz	Gesamt-kosten	Fix-kosten	variable Stück-kosten
Betriebs-optimum	6 000	6 000	4 500	0,75

[1] Wie hoch ist der Output?

[2] Wie hoch ist das Betriebsoptimum?

[3] Wie hoch sind die Grenzkosten?

Aufgaben zu Kapitel 8 (Differentialrechnung im R^n)

Aufgabe 8.1
Gegeben sei die Produktionsfunktion einer Einproduktunternehmung mit

$$x(r_1, r_2, r_3) = \sqrt{r_1^2 + 2r_2^2 + 3r_3^2 - r_1(r_2 + r_3)}.$$

Um wie viel wächst die Produktionsmenge $x(r_1, r_2, r_3)$, wenn alle drei Produktionsfaktoren auf das 5-fache gesteigert werden?

Aufgabe 8.2
Bilden Sie die alle ersten und zweiten partiellen Ableitungen folgender Funktionen:

$$f(x, y, z) = 3x^2 - 2xy - 10y + (x - z)^3$$
$$g(x_1, x_2) = 2x_1^4 x_2^6 - x_1^3 x_2^5$$
$$h(x, y) = 2e^{0,6x + 2y}$$
$$k(x, y) = 2y^3 - ln\frac{x}{y}.$$

Aufgaben zu Kapitel 9 (Optimierung nichtlinearer Funktionen)

Aufgabe 9.1
Gegeben ist die Kostenfunktion:
$$K(x; y) = 10x + 20y + 2xy + 200 \quad ; x, y \geq 0$$
Berechnen und interpretieren Sie die partiellen Elastizitäten an der Stelle $(x; y) = (5; 6)$.

Aufgabe 9.2
Bestimmen Sie für die Funktion
$$f(x, y) = x^3 - x^2 + y^3 - 2y^2 \quad ; x, y \in \mathbb{R}$$
die Punkte (x, y), in denen $f(x, y)$ einen lokalen Extremwert annimmt bzw. einen Sattelpunkt besitzt. Geben Sie gegebenenfalls an, ob es sich bei den Extremstellen um eine lokale Minimalstelle oder eine lokale Maximalstelle handelt.

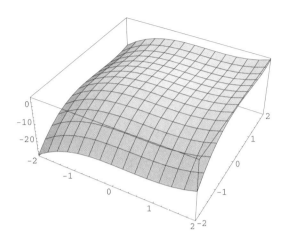

Aufgabe 9.3

Ein Monopolist verkauft zwei Produkte X_1, X_2 und hat die folgenden Preis-Absatz-Funktionen:

$$p_1(x_1, x_2) = 400 - 2x_1 - x_2 \quad ; x_1 \in [0; 100], x_2 \in [0; 200]$$

$$p_2(x_1, x_2) = 150 - 0{,}5x_1 - 0{,}5x_2 \quad ; x_1 \in [0; 100], x_2 \in [0; 200]$$

Dabei bezeichnen p_1 den Preis für eine ME des Produkts X_1 und p_2 den Preis für eine ME des Produkts X_2, ferner x_1 die Absatzmenge des Produkts X_1 und x_2 die Absatzmenge des Produkts X_2.

Die Gesamtkosten des Monopolisten betragen:

$$K(x_1, x_2) = 50x_1 + 10x_2 \quad ; x_1 \in [0; 100], x_2 \in [0; 200]$$

Gesucht sind der Preis und die Menge für jedes Produkt, so dass ein maximaler Gewinn erreicht wird. Wie groß ist der Gewinn?

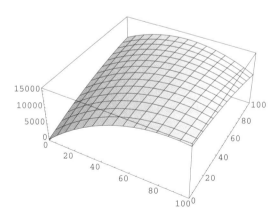

Aufgabe 9.4

Ein Monopolist kann sein Produkt auf zwei getrennten Märkten 1 und 2 verkaufen, auf denen folgende Preis-Absatzfunktionen gelten:

Markt 1: $p_1 = 80 - 5x_1$; $x_1 \in [0; 16]$

Markt 2: $p_2 = 180 - 20x_2$; $x_2 \in [0; 9]$

Hierbei bezeichnet p_1 den Preis des Produkts (in GE) auf Markt 1 beim Absatz der Menge x_1 und p_2 den Preis des Produkts (in GE) auf Markt 2 beim Absatz der Menge x_2. Der Monopolist produziert zu den variablen Kosten $20(x_1 + x_2)$ GE und den Fixkosten 75 GE.

[1] Stellen Sie die Umsatz-/Erlösfunktion $U(x_1, x_2)$ und die Kostenfunktion $K(x_1, x_2)$ auf.

[2] Welche Mengen und zu welchen Preisen muss der Monopolist auf den Märkten 1 und 2 anbieten, um seinen Gewinn zu maximieren? Wie hoch ist sein maximaler Gewinn?

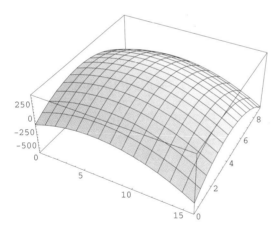

[3] Angenommen die Grenzkosten würden auf beiden Märkten jeweils konstant 40 GE betragen. Die Fixkosten seien weiterhin 75 GE. Wie würde dann die Kostenfunktion aussehen?

Aufgabe 9.5

An welchen Stellen liegen jeweils die möglichen lokalen Extrema unter Berücksichtigung der angegebenen Nebenbedingungen?

Zielfunktion	Nebenbedingungen
$g(x, y, z) = x^2 + y^2 + z^2$	$x + y = 1, \ x + z = 1$
$h(x, y, z) = x + 2y + 3z$	$xy = 24, \ yz = 6$

Aufgabe 9.6
Gegeben ist die Funktion $f(x, y) = 3x + 2y + 5$; $x > 0, y > 0$.
Ermitteln Sie unter der Nebenbedingung
$$x^2 + 2y^2 = 275$$
das globale Maximum mit Hilfe der Lagrange-Methode.

Aufgabe 9.7
In Abhängigkeit des Konsums x_1 von Gut I und des Konsums x_2 von Gut II ist die folgende Nutzenfunktion gegeben:
$$u(x_1, x_2) = 5\sqrt{x_1} + 3\sqrt{x_2} \ ; x_1, x_2 > 0$$
Bestimmen Sie mit Hilfe der Lagrange-Methode den maximalen Nutzen unter der Nebenbedingung, dass insgesamt 308 GE zum Kauf der beiden Güter zur Verfügung stehen und dass der Preis von Gut I bzw. Gut II genau 20 GE pro Stück bzw. genau 6 GE beträgt.

Aufgabe 9.8
Es bezeichnen x die Mengeneinheiten von Gut I und y die Mengeneinheiten von Gut II. Drücken Sie die nachfolgenden Nebenbedingungen sowohl als mathematischen Term als auch als Nebenbedingung in Nullform aus:

[1] Von Gut II sollen doppelt so viele Mengeneinheiten wie von Gut I hergestellt werden.

[2] Von beiden Gütern sollen zusammen 100 Mengeneinheiten hergestellt werden.

[3] An Rohmaterial kosten Gut I fünf Geldeinheiten pro Stück und Gut II acht Geldeinheiten pro Stück. Als Budget zum Kauf des Rohmaterials für die beiden Güter stehen 120 Geldeinheiten zur Verfügung. Das Budget soll vollständig aufgebraucht werden.

10.2 Lösungen

Lösungen zu Kapitel 1 (Allgemeinwissen)

1.1

▦ Der Anteil ist um $20 + 5 = 25$ Prozent gestiegen.

▦ Der Anteil ist um $20 \cdot 1{,}05 = 21$ Prozent gestiegen.

Lösungen zu Kapitel 2 (Mengen und Abbildungen)

2.1
f_1 ist keine Abbildung, da die Elemente a_1 und a_4 kein Bild besitzen.
f_2 ist keine Abbildung, da das Element a_4 zwei Bilder besitzt.
f_3 und f_4 sind Abbildungen.

2.2
Der Definitionsbereich von $x(p)$ ist das Intervall $[0; 280]$. Der Wertebereich von $x(p)$ ist das Intervall $[0; 140]$. Und die Umkehrabbildung lautet: $p(x) = 280 - 2x$; $x \in [0; 140]$

2.3
$$\begin{aligned}
x &= 2\sqrt{r-1} \mid \div 2 \\
0{,}5x &= \sqrt{r-1} \mid \text{quadrieren} \\
0{,}25x^2 &= r - 1 \mid +1 \\
1 + 0{,}25x^2 &= r \\
K(x) = 16 \cdot r &= 16 \cdot (1 + 0{,}25x^2) = 16 + 4x^2 \; ; x \in [0; \infty)
\end{aligned}$$

Lösungen zu Kapitel 3 (Matrizen)

3.1

▦ $C \cdot A = \begin{bmatrix} -17 & 49 & 29 \\ 0 & 14 & 1 \end{bmatrix}$

$$A \cdot D = \begin{bmatrix} -27 & 0 & -4 \\ 17 & 3 & 38 \end{bmatrix}$$

$$C \cdot A + C \cdot B = \begin{bmatrix} -43 & 19 & 53 \\ -5 & 20 & 20 \end{bmatrix}$$

$$C \cdot (A + 3B) - C \cdot B = \begin{bmatrix} -69 & -11 & 77 \\ -10 & 26 & 39 \end{bmatrix}$$

$$(2A - 3B) \cdot D - A \cdot D = \begin{bmatrix} -123 & -117 & -127 \\ -157 & -42 & 5 \end{bmatrix}$$

$$D \cdot A^t = \begin{bmatrix} -9 & 68 \\ -15 & 10 \\ 8 & 39 \end{bmatrix}$$

■ $CA + CB = C(A + B)$
$C(A+3B) - CB = CA + 3CB - CB = CA + 2CB = C(A+2B)$
$(2A - 3B)D - AD = 2AD - 3BD - AD = AD - 3BD = (A - 3B)D$

3.2
$a^t A = [6, -4, 6]$
$a^t Aa = [32]$
$a^t a = [14]$

$$aa^t = \begin{bmatrix} 1 & -2 & 3 \\ -2 & 4 & -6 \\ 3 & -6 & 9 \end{bmatrix}$$

$a^t AA^t a = [88]$

3.3

[1] Direktbedarf A (in ME) an Rohmaterial für jeweils eine ME der Zwischenprodukte:

	Z_1	Z_2
R_1	6	0
R_2	3	5
R_3	0	1

Direktbedarf B (in ME) an Zwischenprodukten für jeweils eine ME der Endprodukte:

	E_1	E_2
Z_1	2	3
Z_2	0	1

Direktbedarf C (in ME) an Rohmaterial für jeweils eine ME der Endprodukte:

	E_1	E_2
R_1	0	0
R_2	0	0
R_3	0	4

[2] Gesamtbedarf $M = A \cdot B + C$ (in ME) an Rohmaterial für jeweils eine ME der Endprodukte:

	E_1	E_2
R_1	12	18
R_2	6	14
R_3	0	5

[3] $M \cdot \begin{pmatrix} 3 \\ 5 \end{pmatrix} = \begin{bmatrix} 126 \\ 88 \\ 25 \end{bmatrix}$

d.h. es werden 126 ME von R_1, 88 ME von R_2 und 25 ME von R_3 benötigt.

[4] Materialflussgrafik:

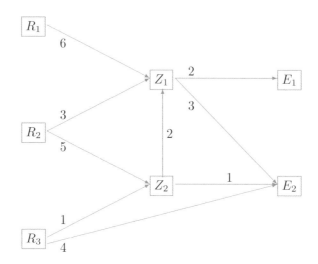

Durch Abfahren der Pfade in der Materialflussgrafik erhält
man den Gesamtbedarf M:

	E_1	E_2
R_1	12	18
R_2	26	44
R_3	4	11

$$M \cdot \begin{pmatrix} 3 \\ 5 \end{pmatrix} = \begin{bmatrix} 126 \\ 298 \\ 67 \end{bmatrix}$$

d.h. es werden 126 ME von R_1, 298 ME von R_2 und 67 ME
von R_3 benötigt.

Lösungen zu Kapitel 4 (Lineare Gleichungen)

4.1

[1] $x(p) = 6\,000 - 300 \cdot p$; $p \in [0; 20]$

[2] I $4\,000 = a - b \cdot 0 \Rightarrow a = 4\,000$
    II $3\,000 = a - b \cdot 200 \Rightarrow 3\,000 = 4\,000 - 200b \Rightarrow b = 5$
    d.h. $x(p) = 4\,000 - 5 \cdot p$; $p \in [0; 800]$

4.2.1

Zeile	x_1	x_2	x_3	x_4	b	Op.
①	$\boxed{1}$	6	0	0	41	
②	3	0	-3	4	35	
③	2	1	0	1	18	
④	6	0	0	3	36	
⑤	1	6	0	0	41	①
⑥	0	$\boxed{-18}$	-3	4	-88	②$-3\cdot$①
⑦	0	-11	0	1	-64	③$-2\cdot$①
⑧	0	36	0	3	-210	④$-6\cdot$①
⑨	1	6	0	0	41	⑤
⑩	0	-18	-3	4	-88	⑥
⑪	0	0	33	-26	-184	$18\cdot$⑦$-11\cdot$⑥
⑫	0	0	$\boxed{6}$	-5	-34	⑧$-2\cdot$⑥
⑬	1	6	0	0	41	⑨
⑭	0	-18	-3	4	-88	⑩
⑮	0	0	6	-5	-34	⑫
⑯	0	0	0	3	6	$2\cdot$⑪$-11\cdot$⑫

$$\mathbb{L} = \left\{ \begin{pmatrix} 5 \\ 6 \\ \text{-4} \\ 2 \end{pmatrix} \right\}$$

4.2.2

Zeile	x	y	z	b	Operation
①	3	5	-22	0	
②	$\boxed{1}$	1	2	0	
③	1	3	-42	0	
④	1	1	2	0	②
⑤	0	$\boxed{2}$	-28	0	①$-3\cdot$②
⑥	0	2	-44	0	③$-$②
⑦	1	1	2	0	④
⑧	0	2	-28	0	⑤
⑨	0	0	-16	0	⑥$-$⑤

$$\mathbb{L} = \left\{ \begin{pmatrix} 0 \\ 0 \\ 0 \end{pmatrix} \right\}$$

4.2.3

Zeile	x_1	x_2	x_3	b	Operation
①	2	−1	4	8	
②	0	3	−2	6	
③	1	4	−1	10	
④	1	4	−1	10	③
⑤	0	3	−2	6	②
⑥	0	−9	6	−12	①−2·③
⑦	1	4	−1	10	④
⑧	0	3	−2	6	⑤
⑨	0	0	0	6	⑥+3·⑤

$\mathbb{L} = \emptyset$

4.2.4

Zeile	x_1	x_2	x_3	x_4	b	Operation
①	4	0	8	16	4	
②	1	2	10	8	2	
③	1	0	6	5	2	
④	0	2	10	7	2	
⑤	0	2	10	12	2	
⑥	1	2	10	8	2	②
⑦	0	−8	−32	−16	−4	①−4·②
⑧	0	−2	−4	−3	0	③−②
⑨	0	2	10	7	2	④
⑩	0	2	10	12	2	⑤
⑪	1	2	10	8	2	⑥
⑫	0	2	10	7	2	⑨
⑬	0	0	8	12	4	⑦+4·⑨
⑭	0	0	6	4	2	⑧+⑨
⑮	0	0	0	5	0	⑩−⑨
⑯	1	2	10	8	2	⑪
⑰	0	2	10	7	2	⑫
⑱	0	0	8	12	4	⑬
⑲	0	0	0	−20	−4	4·⑭−3·⑬
⑳	0	0	0	5	0	⑮
㉑	1	2	10	8	2	⑯
㉒	0	2	10	7	2	⑰
㉓	0	0	8	12	4	⑱
㉔	0	0	0	5	0	⑳
㉕	0	0	0	0	−4	⑲+4·⑳

$\mathbb{L} = \emptyset$

4.2.5

Zeile	x_1	x_2	x_3	x_4	b	Op.
①	$\boxed{1}$	2	3	5	0	
②	1	1	1	1	0	
③	0	1	1	1	0	
④	1	2	3	5	0	①
⑤	0	$\boxed{-1}$	-2	-4	0	②$-$①
⑥	0	1	1	1	0	③
⑦	1	2	3	5	0	④
⑧	0	-1	-2	-4	0	⑤
⑨	0	0	-1	-3	0	⑥$+$⑤

$$\mathbb{L} = \left\{ \begin{pmatrix} 0 \\ 2x_4 \\ -3x_4 \\ x_4 \end{pmatrix} ; x_4 \in \mathbb{R} \right\}$$

4.3
Gesamtbedarf M (in ME) an Rohmaterial für jeweils eine ME der
Endprodukte:

	E_1	E_2
R_1	14	34
R_2	12	16

[1] Mit dem Gaußalgorithmus wird die Lösung bestimmt.
Aus dem Vorrat lassen sich 100 ME von E_1 und 200 ME von
E_2 herstellen.

[2] I $14x_1 + 12x_2 = 400$
II $34x_1 + 16x_2 = 840$
d.h. eine ME von R_1 kostet 20 GE und eine ME von R_2 kostet
10 GE.

4.4.1
Gesamtbedarf $M = A \cdot B$

	P_1	P_2	P_3
R_1	6	12	5
R_2	3	9	4

$$M \cdot \begin{bmatrix} 100 \\ 200 \\ 300 \end{bmatrix} = \begin{bmatrix} 4\,500 \\ 3\,300 \end{bmatrix}$$

d.h. es werden 4 500 ME von R_1 und 3 300 ME von R_2 benötigt.

$$B \cdot \begin{bmatrix} 100 \\ 200 \\ 300 \end{bmatrix} = \begin{bmatrix} 900 \\ 700 \\ 300 \end{bmatrix}$$

d.h. es entstehen 900 ME von Z_1, 700 ME von Z_2 und 300 ME von Z_3.

4.4.2

■ $(10, 15) \cdot M = (105, 255, 110)$
d.h. an Rohmaterial kosten eine ME P_1 105 GE, eine ME P_2 255 GE und eine ME P_3 110 GE.

■ $(10, 15) \cdot A = (35, 75, 35)$
d.h. in Eigenproduktion kosten an Rohmaterial eine ME von Z_1 35 GE, eine ME von Z_2 75 GE und eine ME von Z_3 35 GE
d.h. es ist günstiger, die Zwischenprodukte zu kaufen.

4.4.3
$e_1 =$ME von P_1
$e_2 =$ME von P_2
$e_3 =$ME von P_3
Gaußalgorithmus
Lösungsmenge des Gleichungssystems:
$$\mathbb{L} = \left\{ \begin{pmatrix} -\dfrac{5\,000}{3} + \dfrac{1}{6}e_3 \\ \dfrac{5\,000}{3} - \dfrac{1}{2}e_3 \\ e_3 \end{pmatrix} ; e_3 \in \mathbb{R} \right\}$$

Ökonomisch sinnvolle Lösungen:
I $e_1 = -\frac{5\,000}{3} + \frac{1}{6}e_3 \geq 0 \Rightarrow e_3 \geq 10\,000$
II $e_2 = \frac{5\,000}{3} - \frac{1}{2}e_3 \geq 0 \Rightarrow e_3 \leq \frac{10\,000}{3}$
III $e_3 \geq 0$
Wegen I und II gibt es keine ökonomisch sinnvolle Lösungsmenge.

4.5
$v_1 =$Bewertung in GE für eine in K_1 hergestellte Leistungsmengeneinheit
$v_2 =$Bewertung in GE für eine in K_2 hergestellte Leistungsmengeneinheit
$v_3 =$Bewertung in GE für eine in K_3 hergestellte Leistungsmengeneinheit

Kostengleichgewicht:

I $(60 + 10 + 20)v_1 - 20v_2 - 10v_3 = 290$
II $(70 + 20 + 40)v_2 - 10v_1 - 20v_3 = 160$
III $(50 + 10 + 20)v_3 - 20v_1 - 40v_2 = 80$

Gaußalgorithmus:

Zeile	v_1	v_2	v_3		Operation
①	90	-20	-10	290	
②	$\boxed{-10}$	130	-20	160	
③	-20	-40	80	80	
④	-10	130	-20	160	②
⑤	0	1 150	-190	1 730	①$+9 \cdot$ ②
⑥	0	$\boxed{-300}$	120	-240	③$-2 \cdot$ ②
⑦	-10	130	-20	160	④
⑧	0	-300	120	-240	⑥
⑨	0	0	8 100	24 300	$30 \cdot$ ⑤$+115 \cdot$ ⑥

⑨ $v_3 = \dfrac{24\,300}{8\,100} = 3$

⑧ $v_2 = \dfrac{1\,730 + 3 \cdot 190}{1\,150} = 2$

⑦ $v_1 = \dfrac{160 - 130 \cdot 2 + 20 \cdot 3}{-10} = 4$

Die innerbetrieblichen Verrechnungspreise betragen $v_1 = 4$ GE, $v_2 = 2$ GE und $v_3 = 3$ GE.

d.h. es kostet 4 GE eine Leistungsmengeneinheit in K_1 herzustellen, 2 GE eine Leistungsmengeneinheit in K_2 herzustellen und 3 GE eine Leistungsmengeneinheit in K_3 herzustellen.

Lösungen zu Kapitel 5 (Folgen und Reihen)

5.1

■ $a_n = (-1)^{n+1}$; $n \in \mathbb{N}$

■ $a_n = \dfrac{1}{3^n}$; $n \in \mathbb{N}$

■ $a_n = \dfrac{n}{10}$; $n \in \mathbb{N}$

5.2

n	1	2	3	4	5	6
a_n	$\frac{1}{2}$	$\frac{1}{2}$	$\frac{3}{8}$	$\frac{1}{4}$	$\frac{5}{32}$	$\frac{3}{32}$
b_n	3	4	4,6296	5,0625	5,3782	5,6187
c_n	-1	$\frac{1}{2}$	$-\frac{1}{3}$	$\frac{1}{4}$	$-\frac{1}{5}$	$\frac{1}{6}$
d_n	0,4427	0,4663	0,4761	0,4814	0,4848	0,4872

5.3

■ arithmetische Folge ist $a_n = \frac{n}{10}$ mit $d = \frac{1}{10}$

■ geometrische Folgen sind $a_n = (-1)^{n+1}$ mit $q = -1$ und $a_n = \frac{1}{3^n}$ mit $q = \frac{1}{3}$

■ alternierende Folgen sind $a_n = (-1)^{n+1}$ und $c_n = (-1)^n \cdot \frac{1}{n}$

■ monoton wachsende Folgen sind $a_n = \frac{n}{10}$, $b_n = (1 + \frac{2}{n})^n$, $d_n = \frac{1}{\ln(1+\frac{1}{n})} - n$

monoton fallende Folgen sind $a_n = \frac{1}{3^n}$ und $a_n = \frac{n}{2^n}$

■ beschränkte Folgen sind $a_n = (-1)^{n+1} \in [-1; +1]$
$a_n = \frac{1}{3^n} \in [0; \frac{1}{3}]$
$a_n = \frac{n}{2^n} \in [0; 0,5]$
$b_n = (1 + \frac{2}{n})^n \in [3; e^2]$
$c_n = (-1)^n \cdot \frac{1}{n} \in [-1; 0,5]$
$d_n = \dfrac{1}{\ln(1 + \frac{1}{n})} - n \in [0,4 \, ; \, 0,5]$

■ Nullfolgen sind $a_n = \frac{1}{3^n}$, $a_n = \frac{n}{2^n}$, $c_n = (-1)^n \cdot \frac{1}{n}$

■ divergente Folgen sind $a_n = (-1)^{n+1}$ und $a_n = \frac{n}{10}$

5.4

$$\sum_{i=1}^{12} i = 1 + 2 + 3 + \ldots + 12 = 78$$

5.5

$$\sum_{i=0}^{6} \frac{1}{i!} = \frac{1}{1} + \frac{1}{1} + \frac{1}{2} + \frac{1}{6} + \frac{1}{24} + \frac{1}{120} + \frac{1}{720} \approx 2,718$$

Lösungen zu Kapitel 6 (Funktion einer reellen Variablen)

6.1

[1] $G(x) = -4x^2 + 200x - 800$; $x \in [0\,;\,140]$

[2] $K_v(x) = 2x^2 + 80x$; $x \in [0\,;\,140]$

[3] $K_f(x) = 800$; $x \in [0\,;\,140]$

[4] $k(x) = 2x + 80 + \dfrac{800}{x}$; $x \in (0\,;\,140]$

[5] $k_v(x) = 2x + 80$; $x \in (0\,;\,140]$

[6] $p(x) = 280 - 2x$; $x \in [0\,;\,140]$

[7] $x(p) = 140 - 0{,}5p$; $p \in [0\,;\,280]$

[8] zeichnerisch ermittelte Gewinnzone:

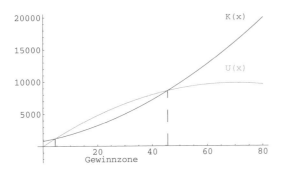

rechnerisch ermittelte Gewinnzone=(4,38 ; 45,62)

6.2

[1] $g(x) = 3x - 4$ und $f(y) = y^2$

[2] $g(x) = 3x - 4$ und $f(y) = e^y$

[3] $g(x) = x^2$ und $f(y) = 3y - 4$
oder $g(x) = 3x^2$ und $f(y) = y - 4$
oder . . .

6.3

Firma	Preis	Output	Umsatz	Gesamt-kosten	Fix-kosten	Variable Kosten	Variable Stück-kosten	variable Stückkosten
1	4	2 000	8 000	6 500	1 500	5 000	3,25	2,5
2	4	4 000	16 000	14 000	4 000	10 000	3,5	2,5
3	2,2	2 500	5 500	6 000	2 875	3 125	2,4	1,25
4	3	2 000	6 000	6 000	4 500	1 500	3	0,75
5	10	2 000	20 000	30 000	8 000	22 000	15	11

6.4

$$r(x) = 0{,}25x^2 + 10x + 100$$

$$K(x) = 8 \cdot r = 8 \cdot (0{,}25x^2 + 10x + 100) = 2x^2 + 80x + 800$$

$$U(x) = G(x) + K(x) = -2x^2 + 280x$$

$$p(x) = \frac{U(x)}{x} = 280 - 2x$$

$$x(p) = 140 - 0{,}5p$$

6.5

[1] $\lim\limits_{x \to 3} \dfrac{x-3}{2x^2-4x-6} = \lim\limits_{x \to 3} \dfrac{x-3}{2(x-3)(x+1)} = \lim\limits_{x \to 3} \dfrac{1}{2(x+1)} = \dfrac{1}{8}$

[2] $\lim\limits_{x \to 5} \dfrac{x^2-10x+25}{7x^2-28x-35} = \lim\limits_{x \to 5} \dfrac{(x-5)(x-5)}{7(x-5)(x+1)} = \lim\limits_{x \to 5} \dfrac{(x-5)}{7(x+1)} = \dfrac{0}{42} = 0$

[3] $\lim\limits_{x \to -2} \dfrac{3x+6}{5x^2-5x-30} = \lim\limits_{x \to -2} \dfrac{3(x+2)}{5(x+2)(x-3)} =$
$\lim\limits_{x \to -2} \dfrac{3}{5(x-3)} = -\dfrac{3}{25} = -0{,}12$

[4] $\lim\limits_{x \downarrow 2} f(x) = -\infty$ und $\lim\limits_{x \uparrow 2} f(x) = +\infty$; d. h. der Grenzwert von $f(x)$ an der Stelle x=2 existiert nicht.

6.6

Die Funktion f ist an der Stelle $x = 3$ nicht stetig; da:

■ rechtsseitiger Grenzwert $\lim\limits_{x \downarrow 3} f(x) = 5$

■ linksseitiger Grenzwert $\lim\limits_{x \uparrow 3} f(x) = 3$

■ Funktionswert $f(3) = 5$

d.h. der linksseitige und der rechtsseitige Grenzwert an der Stelle $x = 3$ sind unterschiedlich und können somit auch nicht mit dem Funktionswert an der Stelle $x = 3$ übereinstimmen.

6.7

Die Funktion $f(x) = \dfrac{1}{(x-2)^2}$; $x \in \mathbb{R}\backslash\{2\}$ ist stetig, weil in jedem Punkt x_0 des Definitionsbereichs der Funktionswert $f(x_0)$ sowohl mit dem rechtsseitigen Grenzwert $\dfrac{1}{(x_0-2)^2}$ als auch mit dem linksseitigen Grenzwert $\dfrac{1}{(x_0-2)^2}$ übereinstimmt.

Lösungen zu Kapitel 7 (Differentialrechnung im R^1)

7.1

[1] $f'(x) = 140 \cdot x^{27}$

[2] $f'(x) = (x^{-2})' = (-2) \cdot y^{-3} = -\dfrac{2}{x^3}$

[3] Kettenregel: $i(x) = x - 2 \Rightarrow i'(x) = 1$ und $a(y) = y^{0,5} \Rightarrow$
$a'(y) = \dfrac{1}{2 \cdot \sqrt{y}}$
$f'(x) = \dfrac{1}{2 \cdot \sqrt{x-2}}$

[4] $f'(x) = 76 \cdot (2x - 7)^{37}$

[5] Kettenregel: $i(x) = 2x + 1 \Rightarrow i'(x) = 2$ und $a(y) = \ln(y) \Rightarrow$
$a'(y) = \dfrac{1}{y}$
$f'(x) = \dfrac{2}{2x + 1}$

[6] Faktor- und Summenregel: $f'(x) = \dfrac{2}{x}$

[7] Produktregel: $f(x) = \boxed{x^3} \cdot \boxed{e^x}$
$f'(x) = 3x^2 \cdot e^x + x^3 \cdot e^x = x^2 \cdot e^x [3 + x]$

[8] $f(x) = (5 - 3x)^{-2}$
Kettenregel: $i(x) = 5 - 3x \Rightarrow i'(x) = -3$ und $a(y) = y^{-2} \Rightarrow$
$a'(y) = (-2) \cdot y^{-3}$
$f'(x) = \dfrac{(-2) \cdot (-3)}{(5 - 3x)^3} = \dfrac{6}{(5 - 3x)^3}$

[9] $f'(x) = 2 \cdot e^{2x+5}$

[10] Produktregel $f(x) = \boxed{7x} \cdot \boxed{e^{3-x^2}}$
Kettenregel für $\left(e^{3-x^2}\right)' =?$
$i(x) = 3 - x^2 \Rightarrow i'(x) = -2x$ und $a(y) = e^y \Rightarrow a'(y) = e^y$
$\left(e^{3-x^2}\right)' = e^{3-x^2} \cdot (-2x)$
$f'(x) = 7e^{3-x^2} + 7x \cdot e^{3-x^2} \cdot (-2x) = 7e^{3-x^2} - 14x^2 \cdot e^{3-x^2} =$
$7e^{3-x^2} \cdot [1 - 2x^2]$

[11] $f(x) = (x^2 + 1)^{-0,5}$

Kettenregel: $i(x) = x^2 + 1 \Rightarrow i'(x) = 2x$ und $a(y) = y^{-0,5} \Rightarrow$
$a'(y) = (-0,5) \cdot y^{-1,5}$

$$f'(x) = -\frac{1}{2(x^2 + 1)^{1,5}} \cdot 2x = -\frac{x}{\sqrt{(x^2 + 1)^3}}$$

[12] $f'(x) = \ln(2) \cdot 2^x$

[13] $f'(x) = 3 \cdot 5^x + 3x \cdot \ln(5) \cdot 5^x = 3 \cdot 5^x [1 + x \cdot \ln(5)]$

7.2

$$f'(x) = 3x^2 - \frac{1}{2 \cdot \sqrt{x}}$$

$$g'(x) = \frac{17}{(3x + 4)^2}$$

$$h'(x) = 20 - \frac{3}{2} \cdot \sqrt{\frac{x}{6} - 4}$$

Die Ableitung von $h(x)$ ergibt sich über die Kettenregel aus folgender Überlegung:

$$\left(\sqrt{\left(\frac{x}{6} - 4\right)^3}\right)' = \left(\left(\frac{x}{6} - 4\right)^{1,5}\right)' = 1,5 \cdot \left(\frac{x}{6} - 4\right)^{0,5} \cdot \frac{1}{6} = 0,25 \cdot$$
$$\left(\frac{x}{6} - 4\right)^{0,5} = \frac{1}{4}\sqrt{\frac{x}{6} - 4}$$

7.3

[1] Kosten $K(x) = 40 + 20 \cdot \sqrt{\frac{x^3}{4}} = 40 + 10 \cdot x^{3/2}$

[2] Grenzkosten $K'(x) = 15 \cdot \sqrt{x}$
$K'(4) = 30$ GE

7.4

[1] $x(p) = \frac{20}{p} + 10$; $p > 0$

[2] $\varepsilon_x(1) = -2/3$
d.h. wird der Preis von 1 GE um 1% erhöht auf 1,01 GE, so sinkt der Absatz um etwa 0,67%. (geringe Absatzveränderung)

[3] $\varepsilon_x(10) = -1/6$
d.h. wird der Preis von 10 GE um 1% erhöht auf 10,1 GE, so sinkt der Absatz um etwa 0,17%. (geringe Absatzveränderung)

7.5
Die Funktion $x'(r) = \frac{10}{3\sqrt[3]{r}}$ ist monoton fallend.

7.6

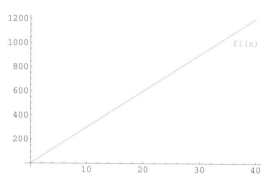

f_1 ist stetig und differenzierbar in $x = 36$.

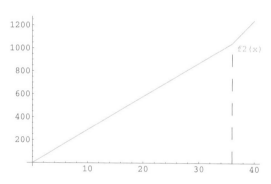

f_2 ist stetig in $x = 36$, aber nicht differenzierbar, da die Steigung von links kommend 29 beträgt und von rechts kommend 50.

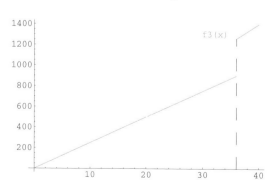

f_3 ist weder stetig noch differenzierbar in $x = 36$, da jede differenzierbare Funktion auch stetig ist. (Umkehrschluss: Sobald eine Funktion nicht stetig ist, ist sie auch nicht differenzierbar.)

7.7
Die Gewinnfunktion $G(x) = p(x) \cdot x - K(x) = -0{,}02x^2 + 300{,}4x - 20\,000$ sieht wie folgt aus:

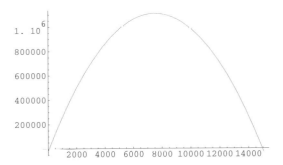

[1] Notwendige Bedingung:
$0 = G'(x) = -0{,}04x + 300{,}4 \Leftrightarrow x = 7\,510$
Hinreichende Bedingung:
$G''(x) = -0{,}04 <_{\text{immer}} 0$; d.h. $x = 7\,510$ glob. Maximalstelle und Gewinn-maximale Menge $7\,510$ ME
Gewinn-maximaler Preis $p(7\,510) = 150{,}60$ GE

[2] Da G streng monoton steigend auf $[0;4\,000]$ liegt das glob. Max am rechten Rand des Intervalls $[0;4\,000]$; d.h. Gewinnmaximale Menge $4\,000$ ME
d.h. der Gewinn reduziert sich um $G(7\,510) - G(4\,000) = 1\,108\,002 - 861\,600 = 246\,402$ GE

[3] Die Gewinn-maximale Menge beträgt $7\,510$ ME, da $x = 7\,510$ aus Teilaufgabe [1] in dem Intervall $[0;8\,000]$ liegt.

7.8

[1]
$$480 = 5 \cdot \sqrt[3]{r^2} - 20 \mid +20$$
$$500 = 5 \cdot \sqrt[3]{r^2} \mid \div 5$$
$$100 = \sqrt[3]{r^2} \mid \text{hoch } 3$$
$$1\,000\,000 = r^2 \mid \text{Wurzel}$$
$$1\,000 = r$$
Umsatz $U(x) = p(x) \cdot x = 24x$ und $U(480) = 24 \cdot 480 = 11\,520$
Kosten $K(r) = 8 \cdot r$ und $K(1\,000) = 8\,000$
Gewinn $= 11\,520 - 8\,000 = 3\,520$ GE

[2]
$$x = 5 \cdot \sqrt[3]{r^2} - 20 \quad | \ +20$$
$$x + 20 = 5 \cdot \sqrt[3]{r^2} \quad | \ \div 5$$
$$0{,}2x + 4 = \sqrt[3]{r^2} \quad | \ \text{hoch } 3$$
$$(0{,}2x + 4)^3 = r^2 \quad | \ \text{Wurzel}$$
$$\sqrt{(0{,}2x + 4)^3} = r$$
$$K(x) = 8 \cdot \sqrt{(0{,}2x + 4)^3}$$
$$G(x) = 24x - 8 \cdot \sqrt{(0{,}2x + 4)^3}$$

[3] Notwendige Bedingung:
$$0 = G'(x) = 24 - 2{,}4 \cdot \sqrt{0{,}2x + 4} \quad | \ +2{,}4 \cdot \sqrt{0{,}2x + 4}$$
$$2{,}4 \cdot \sqrt{0{,}2x + 4} = 24 \quad | \ \div 2{,}4$$
$$\sqrt{0{,}2x + 4} = 10 \quad | \ \text{hoch } 2$$
$$0{,}2x + 4 = 100 \quad | \ -4$$
$$0{,}2x = 96 \quad | \ \div 0{,}2$$
$$x = 480$$

Hinreichende Bedingung:
$$G''(x) = - \frac{0{,}24}{\sqrt{0{,}2x + 4}} <_{\text{immer}} 0; \ \text{d.h. } x = 480 \ \text{glob. Maximal-}$$
stelle, d.h. Gewinn-maximale Menge 480 ME

7.9
$$f'(x) = x^2 - 2x + 1$$
$$f''(x) = 2x - 2$$
$$f'''(x) = 2$$

■ Extremstellen:
Notwendige Bedingung:
$$0 = f'(x) = x^2 - 2x + 1 \Rightarrow x = 1$$
Hinreichende Bedingung:
$$f''(1) = 0$$
d.h. mit unseren Sätzen können wir keine Aussage über Extremstellen machen

■ Wendestellen:
Notwendige Bedingung:
$$0 = f''(x) = 2x - 2 \Rightarrow x = 1$$
Hinreichende Bedingung:
$$f'''(1) = 2 \neq 0 \ \text{d.h. } x = 1 \ \text{Wendestelle}$$

■ Sattelstellen:
$$f'(1) = 0 \ \text{d.h. } x = 1 \ \text{ist sogar eine Sattelstelle}$$

7.10

Auf $(-\infty; 0]$ ist die abgebildete Funktion konvex, auf $[0; \infty)$ ist die Funktion konkav. Bei [1] und [2] ist die Wölbung genau umgekehrt. Bei [4] und [5] wechselt die Funktion ihr Krümmungsverhalten nicht in $x = 0$. (Sondern in $x = -\sqrt{\frac{2}{3}}$ und $x = \sqrt{\frac{2}{3}}$) Also ist die gesuchte Funktion unter [3].

7.11

[1] variable Kosten = Kosten minus Fixkosten = 1 500 GE
Output x = variable Kosten $\div$ variable Stückkosten = 2 000 ME
d.h. der Output beträgt 2 000 ME.

[2] Preis $p(2000)$ = Umsatz $\div$ Output = 3 GE
Stückkosten = Kosten $\div$ Output = 3 GE
d.h. das Betriebsoptimum beträgt 3 GE.

[3] Die Grenzkosten von 3 GE ergeben sich gemäß der Quotientenregel aus der Gleichheit von Grenzkosten und Stückkosten im Betriebsoptimum $x = 2\,000$ (vgl. Beispiel 7.42):

$$K'(2\,000) = \frac{K(2\,000)}{2\,000} = k(2\,000) = 3 \text{ GE}$$

Lösungen zu Kapitel 8 (Differentialrechnung im R^n)

8.1

$$
\begin{aligned}
x(5r_1, 5r_2, 5r_3) &= \sqrt{(5r_1)^2 + 2(5r_2)^2 + 3(5r_3)^2 - 5r_1(5r_2 + 5r_3)} \\
&= \sqrt{25r_1^2 + 50r_2^2 + 75r_3^2 - 25r_1(r_2 + r_3)} \\
&= \sqrt{25} \cdot \sqrt{r_1^2 + 2r_2^2 + 3r_3^2 - r_1(r_2 + r_3)} \\
&= 5 \cdot x(r_1, r_2, r_3)
\end{aligned}
$$

d.h. wird die Faktoreinsatzmenge verfünffacht, so verfünffacht sich auch die Ausbringungsmenge.
Zahlenbeispiel:
$x(2, 2, 1) = 3$ und bei 5-fachem Input: $x(10, 10, 5) = 15 = 5 \cdot 3$

8.2

$$f_x(x, y, z) = 6x - 2y + 3(x - z)^2$$
$$f_y(x, y, z) = -2x - 10$$
$$f_z(x, y, z) = -3(x - z)^2$$
$$f_{xx}(x, y, z) = 6 + 6(x - z)$$
$$f_{yy}(x, y, z) = 0$$
$$f_{zz}(x, y, z) = 6(x - z)$$
$$f_{xy}(x, y, z) = -2$$
$$f_{xz}(x, y, z) = -6(x - z)$$
$$f_{yz}(x, y, z) = 0$$

$$g_{x_1}(x_1, x_2) = 8x_1^3 x_2^6 - 3x_1^2 x_2^5$$
$$g_{x_2}(x_1, x_2) = 12x_1^4 x_2^5 - 5x_1^3 x_2^4$$
$$g_{x_1 x_1}(x_1, x_2) = 24x_1^2 x_2^6 - 6x_1 x_2^5$$
$$g_{x_2 x_2}(x_1, x_2) = 60x_1^4 x_2^4 - 20x_1^3 x_2^3$$
$$g_{x_1 x_2}(x_1, x_2) = 48x_1^3 x_2^5 - 15x_1^2 x_2^4$$

$$h_x(x, y) = 1{,}2e^{0,6x+2y}$$
$$h_y(x, y) = 4e^{0,6x+2y}$$
$$h_{xx}(x, y) = 0{,}72e^{0,6x+2y}$$
$$h_{yy}(x, y) = 8e^{0,6x+2y}$$
$$h_{xy}(x, y) = 2{,}4e^{0,6x+2y}$$

$$k(x, y) = 2y^3 - \ln\left(\frac{x}{y}\right) = 2y^3 - \ln(x) + \ln(y)$$
$$k_x(x, y) = -\frac{1}{x}$$
$$k_y(x, y) = 6y^2 + \frac{1}{y}$$
$$k_{xx}(x, y) = \frac{1}{x^2}$$
$$k_{yy}(x, y) = 12y - \frac{1}{y^2}$$
$$k_{xy}(x, y) = 0$$

Lösungen zu Kapitel 9 (Optimierung nichtlinearer Funktionen)

9.1

$$\varepsilon_x(x; y) = (10 + 2y) \cdot \frac{x}{K(x; y)}$$
$$\varepsilon_x(5; 6) = 22 \cdot \frac{5}{430} = 0{,}26$$

d.h. werden statt $x = 5$ ME von Gut I und $y = 6$ ME von Gut II jetzt $x = 5{,}05$ ME von Gut I und $y = 6$ ME von Gut II hergestellt, so steigen die Kosten um etwa $0{,}26$ %.

$$\varepsilon_y(x; y) = (20 + 2x) \cdot \frac{y}{K(x; y)}$$

$$\varepsilon_y(5; 6) = 30 \cdot \frac{6}{430} = 0{,}42$$

d.h. werden statt $x = 5$ ME von Gut I und $y = 6$ ME von Gut II jetzt $x = 5$ ME von Gut I und $y = 6{,}06$ ME von Gut II hergestellt, so steigen die Kosten um etwa $0{,}42$ %.

9.2

$$f_x(x, y) = 3x^2 - 2x \quad f_{xx}(x, y) = 6x - 2$$
$$f_y(x, y) = 3y^2 - 4y \quad f_{yy}(x, y) = 6y - 4$$
$$f_{xy<}(x, y) = 0$$

Notwendige Bedingung:
I $0 = 3x^2 - 2x \Rightarrow x = 0$ oder $x = \frac{2}{3}$
II $0 = 3y^2 - 4y \Rightarrow y = 0$ oder $y = \frac{4}{3}$

Hinreichende Bedingung:
$D(0; 0) = (-2) \cdot (-4) - 0^2 = 8 > 0$ und $f_{xx}(0; 0) = -2 < 0$
d.h.$(0\,;0)$ lokale Maximalstelle
$D(0; 4/3) = (-2) \cdot 4 - 0^2 = -8 < 0$ d.h. $(0\,;4/3)$ Sattelstelle
$D(2/3; 0) = 2 \cdot (-4) - 0^2 = -8 < 0$ d.h. $(2/3\,;0)$ Sattelstelle
$D(2/3; 4/3) = 2 \cdot 4 - 0^2 = 8 > 0$ und $f_{xx}(2/3, 4/3) = 2 > 0$
d.h. $(2/3\,;4/3)$ lokale Minimalstelle

9.3

$U(x_1, x_2) = x_1 \cdot p_1 + x_2 \cdot p_2 = (400x_1 - 2x_1^2 - x_1 x_2) + (150x_2 - 0{,}5x_1 x_2 - 0{,}5x_2^2)$
$G(x_1, x_2) = U(x_1, x_2) - K(x_1, x_2) = -2x_1^2 - 0{,}5x_2^2 - 1{,}5x_1 x_2 + 350x_1 + 140x_2$

$G_{x_1}(x_1, x_2) = -4x_1 - 1{,}5x_2 + 350 \qquad G_{x_1 x_1}(x_1, x_2) = -4$
$G_{x_2}(x_1, x_2) = -x_2 - 1{,}5x_1 + 140 \qquad G_{x_2 x_2}(x_1, x_2) = -1$
$$G_{x_1, x_2}(x_1, x_2) = -1{,}5$$

Notwendige Bedingung:
I $0 = -4x_1 - 1{,}5x_2 + 350$
II $0 = -1{,}5x_1 - x_2 + 140$
$\overline{\text{I} - 1{,}5\text{II} \quad 0 = \qquad -1{,}75x_1 + 140 \Rightarrow x_1 = 80}$
II $0 = \qquad -120 - x_2 + 140 \Rightarrow x_2 = 20$

Hinreichende Bedingung:
$D(x_1, x_2) = (-4) \cdot (-1) - (-1{,}5)^2 = 1{,}75 >_{\text{immer}} 0$
$G_{x_1 x_1}(x_1, x_2) = -4 <_{\text{immer}} 0$
d.h. $(80;20)$ glob. Maximalstelle
Gewinn-maximale Mengen $x_1 = 80$ ME und $x_2 = 20$ ME

Gewinn-maximale Preise $p_1 = 220$ GE und $p_2 = 100$ GE
maximaler Gewinn $G(80; 20) = 15\,400$ GE

9.4

[1] $U(x_1, x_2) = 80x_1 + 180x_2 - 5x_1^2 - 20x_2^2$; $x_1 \in [0; 16]; x_2 \in [0; 9]$
$K(x_1, x_2) = 20x_1 + 20x_2 + 75$; $x_1 \in [0; 16]; x_2 \in [0; 9]$

[2] $G(x_1, x_2) = U(x_1, x_2) - K(x_1, x_2)$
$= -5x_1^2 + 60x_1 - 20x_2^2 + 160x_2 - 75$;
$x_1 \in [0; 16]; x_2 \in [0; 9]$

Ableitungen:
$G_{x_1}(x_1, x_2) = -10x_1 + 60$
$G_{x_2}(x_1, x_2) = -40x_2 + 160$
$G_{x_1 x_1}(x_1, x_2) = -10$
$G_{x_2 x_2}(x_1, x_2) = -40$
$G_{x_1 x_2}(x_1, x_2) = 0$
Notwendige Bedingung:
I $0 = -10x_1 + 60 \Rightarrow x_1 = 6$
II $0 = -40x_2 + 160 \Rightarrow x_2 = 4$
d.h. $(x_1; x_2) = (6; 4)$ mögliche Extremstelle

Hinreichende Bedingung:
$D(x_1, x_2) = (-10) \cdot (-40) - 0 = 400 >_{\text{immer}} 0$
$G_{x_1 x_1}(x_1, x_2) = -10 <_{\text{immer}} 0$
d.h. (6;4) glob. Maximalstelle
d.h. die Gewinn-maximalen Mengen betragen $x_1 = 6$ ME und
$x_2 = 4$ ME.
$p_1 = 50$
$p_2 = 100$
maximaler Gewinn $= G(6; 4) = 425$ GE.

[3] $K(x_1, x_2) = 40x_1 + 40x_2 + 75$

9.5

▨ $g(x, y, z) = x^2 + y^2 + z^2$
Nebenbedingungen:
I $x + y = 1 \Rightarrow y = 1 - x$
II $x + z = 1 \Rightarrow z = 1 - x$
Setze $g(x) = x^2 + y^2 + z^2 = x^2 + 2(1 - x)^2$
Dann hat $g(x, y, z)$ ein glob. Min in $(2/3; 1/3; 1/3)$ unter Berücksichtigung der Nebenbedingungen.

■ $h(x, y, z) = x + 2y + 3z$
Nebenbedingungen:

I $xy = 24 \Rightarrow x = \dfrac{24}{y}$

II $yz = 6 \Rightarrow z = \dfrac{6}{y}$

Die Fälle $y = 0$ oder $z = 0$ können auf Grund der Nebenbedingung nicht auftreten.

Setze $h(y) = x + 2y + 3z = \dfrac{24}{y} + 2y + \dfrac{18}{y} = 2y + \dfrac{42}{y}$

Dann hat $h(x, y, z)$ ein lok. Min in $(24/\sqrt{21}\,;\ \sqrt{21}\,;\ 6/\sqrt{21})$ unter Berücksichtigung der Nebenbedingungen und ein lok. Max in $(-24/\sqrt{21}\,;\ -\sqrt{21}\,;\ -6/\sqrt{21})$ unter Berücksichtigung der Nebenbedingungen.

9.6

$L(x, y, \lambda) = 3x + 2y + 5 + \lambda(x^2 + 2y^2 - 275)$

$L_x(x, y, \lambda) = 3 + 2\lambda x$ $\qquad L_{xx}(x, y, \lambda) = 2\lambda$

$L_y(x, y, \lambda) = 2 + 4\lambda y$ $\qquad L_{yy}(x, y, \lambda) = 4\lambda$

$L_\lambda(x, y, \lambda) = x^2 + 2y^2 - 275$ $\qquad L_{xy}(x, y, \lambda) = 0$

Notwendige Bedingung:

I	$0 = 3 + 2\lambda x$
II	$0 = 2 + 4\lambda y$
III	$0 = x^2 + 2y^2 - 275$

$2y \cdot$ I	$0 = 6y + 4\lambda xy$
$x \cdot$ II	$0 = 2x + 4\lambda xy$

$2y \cdot$ I $- x \cdot$ II $\quad 0 = 6y - 2x \Rightarrow x = 3y$

III $\quad 0 = (3y)^2 + 2y^2 - 275$

$\quad 0 = 9y^2 + 2y^2 - 275$

$\quad 0 = 11y^2 - 275$

$\quad 0 = y^2 - 25 \Rightarrow \quad \underbrace{y = -5}_{\notin \text{ Def.bereich}} \quad$ oder $y = 5 \Rightarrow x = 15$

I $\quad 0 = 3 + 2\lambda \cdot 15 \Rightarrow \lambda = -\dfrac{3}{2 \cdot 15} = -0{,}1$

Hinreichende Bedingung:

$D(x; y; -0{,}1) = 2 \cdot (-0{,}1) \cdot 4 \cdot (-0{,}1) - 0^2 = 0{,}08 >_{\text{immer}} 0$

$L_{xx}(x; y; -0{,}1) = 2 \cdot (-0{,}1) = -0{,}2 <_{\text{immer}} 0$

d.h. $f(x; y)$ hat in $(15; 5)$ ein glob. Max unter Berücksichtigung der Nebenbedingung.

9.7

$L(x_1, x_2, \lambda) = 5\sqrt{x_1} + 3\sqrt{x_2} + \lambda(20x_1 + 6x_2 - 308)$;

$x_1, x_2 > 0; \lambda \in \mathbb{R}$

$L_{x_1}(x_1, x_2, \lambda) = \dfrac{5}{2\sqrt{x_1}} + 20\lambda \qquad L_{x_1 x_1}(x_1, x_2, \lambda) = -\dfrac{5}{4\sqrt{x_1^3}}$

$L_{x_2}(x_1, x_2, \lambda) = \dfrac{3}{2\sqrt{x_2}} + 6\lambda \qquad L_{x_2 x_2}(x_1, x_2, \lambda) = -\dfrac{3}{4\sqrt{x_2^3}}$

$L_\lambda(x_1, x_2, \lambda) = 20x_1 + 6x_2 - 308 \quad L_{x_1 x_2}(x_1, x_2, \lambda) = 0$

Notwendige Bedingung:

I $\qquad 0 = \dfrac{5}{2\sqrt{x_1}} + 20\lambda$

II $\qquad 0 = \dfrac{3}{2\sqrt{x_2}} + 6\lambda$

III $\qquad 0 = 20x_1 + 6x_2 - 308$

$3 \cdot$ I $\qquad 0 = \dfrac{15}{2\sqrt{x_1}} + 60\lambda$

$10 \cdot$ II $\qquad 0 = \dfrac{30}{2\sqrt{x_2}} + 60\lambda$

$3 \cdot$ I $- 10 \cdot$ II $\; 0 = \dfrac{15}{2\sqrt{x_1}} - \dfrac{30}{2\sqrt{x_2}} \Rightarrow \dfrac{2}{\sqrt{x_2}} = \dfrac{1}{\sqrt{x_1}} \Rightarrow 4x_1 = x_2$

III $\qquad 0 = 20x_1 + 6 \cdot 4x_1 - 308 \Rightarrow x_1 = 7 \Rightarrow x_2 = 28$

Der Wert von λ_0 wird nicht benötigt

Hinreichende Bedingung:

$D(x_1; x_2; \lambda_0) = \left(-\dfrac{5}{4\sqrt{x_1^3}} \right) \cdot \left(-\dfrac{3}{4\sqrt{x_2^3}} \right) - 0^2 = \dfrac{15}{16 \cdot \sqrt{x_1^3 x_2^3}} > 0$

für alle x_1, x_2 aus dem Definitionsbereich.

$L_{x_1 x_1}(x_1; x_2; \lambda_0) = -\dfrac{5}{4\sqrt{x_1^3}} <_{\text{immer}} 0$

d.h. $u(x_1; x_2)$ hat in $(7; 28)$ ein glob. Max unter Berücksichtigung der Nebenbedingung.

9.8

[1] $y = 2x$ und $2x - y = 0$

[2] $x + y = 100$ und $x + y - 100 = 0$

[3] $5x + 8y = 120$ und $5x + 8y - 120 = 0$

A Anhang

A.1 Die kostenlose Software R

Mit Hilfe des kostenlosen Software-Pakets R können zum Beispiel Funktionen der Form $f(x)$ bzw. $f(x, y)$ gezeichnet werden. Und Gleichungssysteme gelöst werden. Der Link zum Download der Software R steht unter Anderem auf der Homepage des Center for Computational Intelligence der Technischen Universität Wien *www.ci.tuwien.ac.at* bereit. Dort ist auch eine ausführliche Einführung in R auf Englisch erhältlich. Interaktiv gibt es Hilfe mit dem Befehl *help.search(„ ... “)* oder mit *?....* Brauchen Sie z.B. Hilfe zur Grafik-Funktion, so geben Sie *help.search(„ plot “)* oder *?plot* ein.

Definition A.1 (Mathematische Operationen in R)

$+$	Addition
$-$	Subtraktion
$*$	Multiplikation
$/$	Division
$\hat{}$	Exponentiation
sqrt	Wurzel
choose(n, k)	Binomialkoeffizient $\binom{n}{k}$
prod$(1 : n)$	n-Fakultät

Um mehrere Werte gleichzeitig eingeben zu können, wird in R der Befehl c für „combine" verwendet.

Beispiel A.2

Die Transponierte der Matrix A aus Beispiel 3.20 ergibt sich wie folgt:

[1] Wir geben nacheinander die Spalten der Matrix A ein mit dem Befehl:
$x = c(1, 0, 0, 2, 1, 0, 3, 2, 1, 0, 1, 1)$

[2] Wir erzeugen die (3,4)-Matrix A mit dem Befehl:
$A = matrix(x, 3, 4)$

[3] Die Transponierte erhalten wir mit dem Befehl:
$t(A)$

Beispiel A.3

Das Matrizenprodukt $A \cdot B$ aus Beispiel 3.33 ergibt sich wie folgt:

[1] Wir geben nacheinander die Spalten der Matrix A ein mit dem Befehl:
$x = c(2, 3, 1, 1)$

[2] Wir erzeugen die (2,2)-Matrix A mit dem Befehl:
$A = matrix(x, 2, 2)$

[3] Wir geben nacheinander die Spalten der Matrix B ein mit dem Befehl:
$x = c(1, 3, 2, 1, 3, 4)$

[4] Wir erzeugen die (2,3)-Matrix B mit dem Befehl:
$B = matrix(x, 2, 3)$

[5] Jetzt erhalten wir das Produkt $A \cdot B$ mit dem Befehl:
$A\% * \%B$

Beispiel A.4

Das Gleichungssystem aus Beispiel 4.14 lässt sich wie folgt lösen:

[1] Zuerst wird spaltenweise die Koeffizientenmatrix eingegeben und anschließend der Matrix-Typ (4,4) festgelegt:
$x = c(0, 1, 0, 2, 0, 1, 1, 0, 1, 1, 0, 3, 1, 1, -1, 0)$
$a = matrix(x, 4, 4)$

[2] Dann wird die rechte Seite der Gleichung eingegeben:
$b = c(4, 10, -1, 11)$

[3] Jetzt erhalten wir die Lösung mit:
$solve(a, b)$

Beispiel A.5
Der Graf der Funktion $f(x) = \frac{1}{3}x^3 - 4x$ aus dem Beispiel 6.11
lässt sich im Intervall [-4;4] wie folgt zeichnen:

[1] Zuerst definieren wir die Funktion:
$f = function(x)\{(1/3) * x^\wedge 3 - 4 * x\}$

[2] Der Graf ergibt sich dann wie folgt:
$plot(f, -4, 4)$

Beispiel A.6
In einem Diagramm lassen sich die Grafen der beiden Funktionen $U(x) = 10x - x^2$ und $K(x) = 2 + 2x$ aus dem Beispiel 6.12
im Intervall [0;10] wie folgt zeichnen:

[1] Zuerst definieren wir die Funktionen:
$U = function(x)\{10 * x - x^\wedge 2\}$
$K = function(x)\{2 + 2 * x\}$

[2] Das Diagramm ergibt sich dann wie folgt:
$curve(U, 0, 10, col = "green")$
$curve(K, add = TRUE, col = "blue")$

Beispiel A.7
Der Graf der Exponentialfunktion $f(x) = 2^x$ aus dem Beispiel
6.45 lässt sich im Intervall [-3;3] wie folgt zeichnen:

[1] Zuerst definieren wir die Funktion:
$f = function(x)\{2^\wedge x\}$

[2] Der Graf ergibt sich dann wie folgt:
$plot(f, -3, 3)$

Beispiel A.8
Der Graf der Exponentialfunktion $h(x) = e^x$ aus dem Beispiel
6.46 lässt sich im Intervall [-1;5] wie folgt zeichnen:

[1] Zuerst definieren wir die Funktion:
$h = function(x)\{exp(x)\}$

[2] Der Graf ergibt sich dann wie folgt:
$plot(h, -1, 5)$

R bezeichnet den natürlichen Logarithmus mit *log*:

Beispiel A.9
Der Graf der Logarithmusfunktion $f(x) = \ln(x)$ aus dem Beispiel 6.49 lässt sich im Intervall [0,01;3] wie folgt zeichnen:

[1] Zuerst definieren wir die Funktion:
$f = function(x)\{log(x)\}$

[2] Der Graf ergibt sich dann wie folgt:
$plot(f, 0.01, 3)$

Beispiel A.10
Der Graf der Gewinnfunktion $G(x, y) = -15 + \sqrt{x} + \sqrt{y^3}$ aus dem Beispiel 8.1 lässt sich für $x \in [0; 10]$ und $y \in [0; 5]$ wie folgt erstellen:

[1] Zuerst wird der Bereich von x festgelegt. Wir wählen das Intervall [0;10] aus, das in kleinen Abständen der Länge 0,1 abgetastet werden soll:
$x = seq(0, 10, .1)$

[2] Dann legen wir den Bereich von y fest. Dazu wählen wir das Intervall [0;5] aus:
$y = seq(0, 5, .1)$

[3] Wir definieren die Funktion:
$f = function(x, y) \{-15 + sqrt(x) + y\,\hat{}\,(1/3)\}$

[4] Diese Daten legen wir in einer Matrix m ab:
$m = outer(x, y, f)$

[5] Jetzt erhalten wir den Grafen mit dem Befehl:
$persp(x, y, m)$

Um R-Grafiken auszudrucken, muss wie folgt vorgegangen werden:

- In der R-Grafik die rechte Maustaste drücken

- „Copy as metafile" anklicken

- Die Word-Datei oder Power-Point-Datei oder Excel-Datei öffnen, in welche die Grafik kopiert werden soll, und dort in der Symbol-Leiste das Icon „Einfügen" anklicken

Literaturverzeichnis

Arrenberg, Jutta / Kiy, Manfred / Knobloch, Ralf / Lange, Winfried: *Vorkurs in Wirtschaftsmathematik*, 4. Auflage Oldenbourg Verlag, München, (2013).

Arrenberg, Jutta: *Finanzmathematik, Lehrbuch mit Übungen*, 3. Auflage Oldenbourg Verlag, München, (2015).

Arrenberg, Jutta: *Wirtschaftsstatistik für Bachelor*, 2. überarbeitete und erweiterte Auflage UTB UVK Lucius Verlag, München, (2015).

Hansmann, Karl-Werner: *Industrielles Management*, 8. Auflage Oldenbourg Verlag, (2006).

Opitz, Otto / Klein, Robert: *Mathematik, Lehrbuch für Ökonomen*, 10. Auflage Oldenbourg Verlag, München, (2011).

Opitz, Otto: *Mathematik, Übungsbuch für Ökonomen*, 7. Auflage Oldenbourg Verlag, München, (2005).

Woll, Artur: *Wirtschaftslexikon*, 10. Auflage Oldenbourg Verlag, München, (2008).

Index

Index